Walter Kraul

Erscheinungen am Sternenhimmel

Walter Kraul

Erscheinungen am Sternenhimmel

Die Bewegungen der Gestirne beobachten und verstehen

Mit Illustrationen von Dazze Kammerl

Verlag Freies Geistesleben

Inhalt

Walter Kraul, Jahrgang 1926, nach dem Krieg Studium der Mathematik und Physik, Ausbildung für das höhere Lehramt abgeschlossen mit dem Thema «Astronomie im Schulunterricht». Wissenschaftliche Arbeit am Sonnenobservatorium Wendelstein. Seit 1953 tätig an der Rudolf-Steiner-Schule München. Einsatz für den Unterricht im Fach «Himmelskunde» in der Mittelstufe. An vielen Orten Vorträge und Seminare über dieses Thema. Entwurf, Herstellung und Vertrieb einschlägiger Lehrmittel.

ISBN 978-3-7725-1975-8

3., durchgesehene u. erweiterte Auflage 2009

Verlag Freies Geistesleben
Landhausstraße 82, 70190 Stuttgart
Internet: www.geistesleben.com

Illustrationen: Dazze Kammerl und Walter Kraul
Einband: Walter Schneider unter Verwendung
der Illustrationen von Dazze Kammerl
Druck: Egedsa, Sabadell

«Die Aufklärung hat uns das kausal-mechanistische Weltbild beschert (usw.), von dem wir nicht mehr so leicht loskommen – schließlich leben wir mit den von diesem Denken geschaffenen knallharten Tatsachen.

Und Gott ist aus dieser Welt verschwunden. Je mehr wir davon überzeugt sind, dass die Gottesbilder nur Projektionen der menschlichen Vorstellungskraft sind, desto mehr vertreiben wir damit Gott aus dieser Welt, und das bestätigt uns wiederum die Richtigkeit und Ausschließlichkeit dieses Weltbildes – ein Teufelskreis.

Oder gibt es doch einen Ausweg? Wie ein Türspalt leuchtet er hier und dort auf. – Schon oder immer noch?»

Reinhart Heinsdorff

Vorwort

Wenn der Mensch aufhört, nach den Sternen zu sehen, werden sie vom Himmel fallen.

Chinesisches Sprichwort

Andachtsvoll staunen wir in klaren Nächten über die erhabene Pracht des Sternenhimmels. Aber was damit anfangen? Wir kennen die Sterne und deren majestätische Bewegung nicht. Dieses Buch möchte ein Führer sein, um die sehnsuchtsvoll gesuchte Beziehung zu den Sternen herzustellen.

Sonne, Mond und Sterne wandern über den Himmel. Dies sei eine Täuschung, wird uns gesagt. In Wirklichkeit komme diese Bewegung durch die Drehung der Erde zustande. Was ist nun richtig?

Es ist die Frage, ob man geozentrisch denkt, also mit der Erde als stillstehendem Mittelpunkt, oder heliozentrisch, mit der Sonne als Mittelpunkt. Beide Betrachtungsweisen haben ihre Berechtigung – die eine im täglichen Erleben, die andere zum Verständnis. Ohne das übersichtliche System mit der Sonne als Mittelpunkt ist es schwierig, alle beobachtbaren Bewegungserscheinungen am Himmel zu verstehen. Andererseits hilft die Kenntnis dieses Systems wenig, wenn man nicht die Möglichkeit hat, es in die Sicht des Beobachters auf der Erde zu «übersetzen». Einige Grundlagen des heliozentrischen oder kopernikanischen Weltsystems, mit der ruhenden Sonne in der Mitte, gehören heutzutage zur Allgemeinbildung. Die Anwendung dieses Bildungsgutes beim Betrachten des Sternenhimmels wird jedoch selten geübt. Hier setzt dieses Buch an. Es geht um das Handhaben beider Systeme, darum, das Erlebte mit dem Wissen zusammenzubringen.

Die vorliegende Darstellung ist für interessierte Laien geschrieben. Vorausgesetzt wird nur die Bereitschaft, eine gewisse Gedankenarbeit und Vorstellungstätigkeit auf sich zu nehmen. Die Ausführungen sind rein astronomisch, können jedoch auch als Grundlage für eine Beschäftigung mit der Astrologie dienen.

Die den Betrachtungen gesetzte Grenze ist die Sichtbarkeit mit bloßem Auge. Gelegentlich werden ergänzende Beobachtungen erwähnt, die man mit einem Feldstecher oder anderen einfachen Geräten machen kann. Auf die fernen Planeten Uranus und Neptun wird nur am Rande eingegangen. Die Astrophysik ist nicht mit einbezogen. Zahlen sind nur angegeben, soweit sie zum besseren Verständnis dienen.

Der Unterricht über die «Himmelskunde» wird an den Schulen stiefmütterlich behandelt. Der Autor hofft mit der vorliegenden Arbeit seinen Lehrer-Kollegen eine Hilfe für den Unterricht in die Hand zu geben. Der hier gebotene Stoff ist zu umfangreich, als dass er im Schulunterricht vollständig wiedergegeben werden könnte. Der Verfasser rechnet damit, dass Lehrer das für ihre Schüler Geeignete herausgreifen. Die Kopernikanische Lehre kann man jedoch nach meiner Erfahrung nicht vor der siebten Klasse mit Erfolg behandeln.

Im gleichen Verlag ist schon einmal ein Buch mit dem Titel «Die Erscheinungen am Sternenhimmel» (von Hermann von Baravalle) erschienen. Es ist längst vergriffen. Auf Wunsch des Verlages wurde der Titel neu verwendet, obwohl das Konzept der vorliegenden Ausgabe – trotz mancher Ähnlichkeiten – deutliche Abweichungen enthält. Mit dem früheren Buch dieses Titels konnte sich der Verfasser in das Thema einarbeiten. Es möge das nun vorliegende Buch vielen Menschen ermöglichen, sich intensiver mit den Sternen zu beschäftigen.

Einführung

Im Folgenden werden einige Hinweise gegeben, deren Kenntnis vor dem Studium des eigentlichen Textes vorteilhaft ist.

Das Buch ist größtenteils folgendermaßen aufgebaut: Zunächst wird ein Phänomen am Himmel geschildert, so wie es von der Erde aus erscheint, also geozentrisch. Darauf folgt eine Erklärung des Beobachteten mithilfe der heliozentrischen oder kopernikanischen Betrachtungsweise, also von einem übergeordneten Standpunkt aus. Am Ende eines gewissen Abschnittes ist eine knappe Zusammenfassung angeschlossen (sie ist jeweils unterlegt). Eilige Leser mit Vorkenntnissen können sich daher so lange mit den Zusammenfassungen allein begnügen, bis sie auf Unbekanntes stoßen.

Die Erscheinungen am Himmel werden so behandelt, wie sie von Mitteleuropa aus zu beobachten sind. Es ist eine nördliche geografische Breite von etwa 50° angenommen. Hier liegen Frankfurt am Main und Prag. Der Text behält jedoch für ganz Mitteleuropa seine Gültigkeit.

Von vereinfachten Vorstellungen ausgehend, werden diese später schrittweise verfeinert. Zum Trost für den Leser sei gesagt, dass es sinnvoll sein kann, einmal weiterzublättern, auch wenn noch nicht alles Dargestellte voll durchschaut wird. Die entstandenen Verständnislücken können oft nachträglich leichter gefüllt werden als beim ersten Versuch.

Auf den verschiedenen Abbildungen von Himmelsanblicken sind die Himmelsrichtungen unter dem Horizont angegeben. Bei einem Blick nach Süden z.B. liegt links Osten und rechts Westen. Eigentlich müssten diese Zeichnungen zum Halbkreis gebogen und der Himmel gewölbt werden; das geht natürlich nicht auf einer Buchseite. Trotz der nicht zu vermeidenden Verzerrungen sind diese Skizzen eine gute Hilfe für das Zurechtfinden am Sternenhimmel.

Auf allen Zeichnungen mit einer Perspektive von außerhalb der Erde ist, wie allgemein üblich, Norden oben angeordnet. Die wahren Größenverhältnisse können selbstverständlich nicht richtig wiedergegeben werden. Oft muss z.B. die Erde im Vergleich zur Sonne wesentlich größer gezeichnet werden, um Details klar wiederzugeben. Auch in anderen Abbildungen sind die Phänomene zur Verdeutlichung oft überhöht gezeichnet; so ist etwa auch die Milchstraße heller wiedergegeben, als sie tatsächlich ist.

Angegebene Zahlen sind gerundete Werte, so genau, wie es zum Verständnis nötig erscheint. Entfernungen am Himmelsgewölbe können nicht in Kilometern gemessen werden, hier ist der Winkel als Maß angebracht. Eine Handbreite erscheint bei ausgestrecktem Arm etwa unter 10°. Bei allen Zeitangaben wird eine eventuelle Sommerzeit nicht berücksichtigt.

Wo Aussagen über den Tierkreis gemacht werden, sind astronomische Verhältnisse gemeint, nicht astrologische. Zwischen beiden besteht bekanntlich eine Verschiebung um etwa ein Sternbild. Außerdem sind die Sternbilder des Tierkreises verschieden groß; die Sternzeichen der Astrologen haben dagegen alle die gleiche Größe von 30°.

Ein Feldstecher ist in vielen Familien vorhanden, daher wird gelegentlich die Verwendung dieses Hilfsmittels empfohlen. Die Leistungsfähigkeit ist gewöhnlich durch zwei Zahlen angegeben. Auf einem etwas besseren Glas steht z.B. «8 x 40». Die erste Zahl gibt die Vergrößerung an, hier ist sie also achtfach. Eine stärkere Vergrößerung ist kaum sinnvoll, denn man wackelt immer etwas, wenn man das Glas vor die Augen hält, und das Wackeln wird mitvergrößert (Empfehlung: anlehnen). – Die zweite Zahl gibt den Durchmesser der Objektivlinsen in Millimetern an, hier also 40 mm. Dieser Durchmesser ist verantwortlich für die Lichtfülle, die aufgenommen wird, und damit für die Helligkeit des Bildes. Bei 4 cm Linsendurchmesser ist das Bild einer Landschaft schön hell. Für Sternbeobachtungen ist ein solches Glas auch brauchbar, besser noch wäre ein «Nachtglas» mit 50 mm Objektivdurchmesser oder mehr. Ein weiterer Hinweis: Zum Betrachten höher stehender Objekte verwendet man mit Vorteil einen Liegestuhl. Der Leser dieser Schrift wird jedoch bemerken, dass zum Betrachten der Sterne ein Teleskop ebenso wenig nötig ist wie ein Mikroskop für Blumen.

Erster Teil: Der Fixsternhimmel

Wo sieht man die Sterne am besten?

Um die Sterne richtig sehen zu können, müssen wir nicht nur einen Nachthimmel ohne Wolken abwarten, es muss auch um uns herum möglichst dunkel sein. Das ist heutzutage gar nicht so oft der Fall. In den hell erleuchteten Städten ist es aus drei Gründen besonders schwer, Sterne zu sehen: Zunächst sind die nahen Häuser im Weg. Dann machen die vielen künstlichen Lichter um uns herum die Augen für die Sterne unempfindlich. Schließlich verschwinden die Sterne im beleuchteten städtischen Dunst. Die Astronomen sprechen in diesem Fall von einer «Verschmutzung des Nachthimmels» durch künstliches Licht.

Aber schon am Stadtrand oder in einem Park gibt es Gelegenheiten, die Sterne besser zu sehen. Als Sterngucker sucht man sich eine freie Stelle, an der möglichst alle näheren Lampen verdeckt sind. In Richtung Stadt wird noch die beleuchtete Dunstglocke stören; dieser wenden wir den Rücken zu, und schon sehen wir wenigstens den halben Himmel voller Sterne. Ein Himmel ohne Mond ist für das Beobachten der Sterne günstiger als eine Vollmondnacht.

Nachts auf dem Land, außerhalb der Stadt, ist es leichter, eine Stelle zu finden, von der aus man viel Himmel sieht, fern von Autostraßen, wo keine Lampe stört. Jeder Sternenliebhaber sucht sich eine solche mehr oder weniger günstige Stelle möglichst in der Nähe seiner Wohnung. Der Idealfall ist ein Wiesenhügel im Wald. Besonders gut sind die Sterne hoch oben im Gebirge oder in einer Wüste zu sehen, da schimmert sogar die Milchstraße mit ihren hellen und dunklen Stellen ganz deutlich.

Wenn die Augen sich an die Dunkelheit gewöhnt haben, kann man in einer klaren Nacht ohne Mond und Lampenlicht rund 2.500 Sterne sehen. Zählt man die Sterne unter dem Horizont dazu, so kommt man auf etwa 5.000 mit bloßem Auge sichtbare Sterne. Manchmal wird diese Zahl auch höher geschätzt.

Der Anblick ist zunächst verwirrend, ohne Kenntnisse sind keine Anhaltspunkte da. Doch wie wir uns auf der Erde, in unserem Lebensraum zurechtfinden, wo Häuser, Ortschaften, Seen und Berge Markierungspunkte sind und Namen haben, so ist auch am Himmel eine Orientierung möglich. Einige Sterne und Sterngruppen haben Namen, wir können diese kennen lernen. Im Vergleich zur irdischen Heimat, wo die meisten Gegenstände ihren festen Platz haben, bewegen sich die Sterne jedoch, sie gehen auf und unter wie Sonne und Mond. In Sommernächten sind andere Sterne da als in Winternächten. Untereinander behalten sie aber ihre gegenseitige Lage bei und sind zu Sternbildern geordnet. Nur einen Stern gibt es, der immer am gleichen Platz stehen bleibt, das ist der Polarstern. Jedes Sterngucken beginnt damit, ihn aufzusuchen und die Himmelsrichtungen festzustellen.

Der Polarstern

Das bekannteste Sternbild ist der «Große Wagen» mit seinen sieben etwa gleich hellen Sternen (Abb. 1). Er ist immer zu finden, denn er geht in Mitteleuropa nie unter. Die sieben Sterne können als vier Räder mit einer krummen Deichsel aus drei Sternen aufgefasst oder als ein «Kinderwagen» mit der charakteristisch geknickten Schubstange gedeutet werden.

Der Abstand der beiden Sterne gegenüber der Deichsel (auch «hintere Kastensterne» genannt) auf das Fünffache verlängert führt zum Polarstern. Er steht, wie gesagt, still und kennzeichnet den «Himmelsnordpol». Der Polarstern (oder «Polaris») zeigt uns die nördliche Richtung an, denn der Punkt unter ihm am Horizont ist der «Nordpunkt». Beim Blick nach Norden ist rechts Osten und links Westen, im Rücken Süden; damit sind alle vier Himmelsrichtungen bekannt, wir haben uns orientiert. Die Orientierung am Boden ist die Voraussetzung für das Zurechfinden am Himmel.

Die Höhe des Polarsterns über dem Horizont in Grad gemessen ist die «Polhöhe». Sie entspricht genau der geografischen Breite des Beobachtungsortes. Diese ist in Frankfurt und Prag etwa 50°, in München 48° und in Hamburg knapp 54°. Geräte zur Messung der Polhöhe sind der «Jakobsstab» und der «Sextant».[1]

Der tägliche Umschwung

Blick nach Norden

Nicht immer steht der Große Wagen in der tiefen Stellung der Abbildung 1. Man sollte sich in einer klaren Nacht einmal die Mühe machen und etwa jede Stunde zum Nordhimmel sehen. Dabei erkennt man, dass der Große Wagen gegen den Uhrzeigersinn fährt und dabei täglich den Polarstern umkreist (Abb. 2). Diese Bewegung nennt man den «täglichen Umschwung».

Es sei hier eine grundlegende Bemerkung eingefügt. Der ideale Horizont ist ein «Großkreis», d.h. ein größtmöglicher Kreis; der Beobachter steht darin, er ist Mittelpunkt. Auf hoher See ist der ideale Horizont realisiert, man nennt ihn die «Kimm». Ein solcher Großkreis unterscheidet sich von kleineren Kreisen am Himmelsgewölbe. Die täglichen Bahnen der Sterne vom Großen Wagen sind solche kleineren Kreise mit dem Polarstern als Mittelpunkt. Jeder andere Großkreis am Himmel schneidet den Horizont in zwei gegenüberliegenden Punkten.

Es gibt noch weitere Sterne und Sternbilder, die nie untergehen. Alle stehen sie in der Nähe des Polarsternes. Man nennt sie die «zirkumpolaren» Sterne. Die Spanne der Polhöhe ist zugleich der Radius des Kreises, der alle Zirkumpolarsterne umfasst; der Polarstern ist der Mittelpunkt. Auf manchen drehbaren Sternkarten ist dieser Kreis eingezeichnet. Im Kapitel «Sternbilder» werden die zirkumpolaren Sterne näher beschrieben.

Ein einfaches Hilfsmittel kann den täglichen Umschwung noch klarer machen. Wer auf die aufgespannte Innenseite eines möglichst nachtdunklen Regenschirmes die sieben Sterne des Großen Wagens malt, den Schirm schräg nach Norden hält und ihn gegen den Uhrzeiger dreht, hat ein anschauliches Modell des täglichen Umschwungs. Schirme mit aufgedrucktem Sternenhimmel werden im Handel gelegentlich angeboten.

Blick nach Süden

Wir wenden uns jetzt nach Süden um, lassen also den Polarstern mit seinen Zirkumpolarsternen hinter uns. Der tägliche Umschwung kann natürlich auch beim Blick nach Süden beobachtet werden. Dort gibt es keine Sterne, die nie untergehen wie die Zirkumpolarsterne. Hier bewegen sich die Sterne im Uhrzeigersinn. Alle Sterne gehen in östlicher Gegend auf und in westlicher unter. Dazwischen erreichen sie ihre höchste Stellung im Süden; man nennt das die «Kulmination». Es handelt sich um die gleiche Drehbewegung wie im Norden, doch weil wir uns zum Blick nach Süden umgewendet haben, erscheint sie uns in entgegengesetzter Richtung.

Der Kulmination kommt eine große Bedeutung zu. Darum denken sich die Astronomen eine senkrecht zum Horizont stehende Verbindungslinie vom Südpunkt über den «Zenit» (höchster Punkt am Himmel, genau über uns) und den Himmelsnordpol zum Nordpunkt am Horizont gegenüber. Dieser unsichtbare Halbkreis heißt Mittagskreis oder «Meridian». Er schließt sich unter dem Horizont durch den «Nadir», den Punkt genau unter uns, zu einem vollen Kreis zusammen. Der Meridian ist wiederum ein Großkreis, in dessen Mittelpunkt wir uns befinden. Der Meridian teilt das Himmelsgewölbe in zwei Hälften. In der einen steigen

Abb. 1: Der Große Wagen an einem Novemberabend. Die hinteren Kastensterne auf das Fünffache verlängert führen zum Polarstern, der über dem Nordpunkt steht. Die Höhe des Polarsternes über dem Horizont ist gleich der geografischen Breite. Der astronomische Horizont liegt unter einem eventuellen Bergkamm.

50 °
N

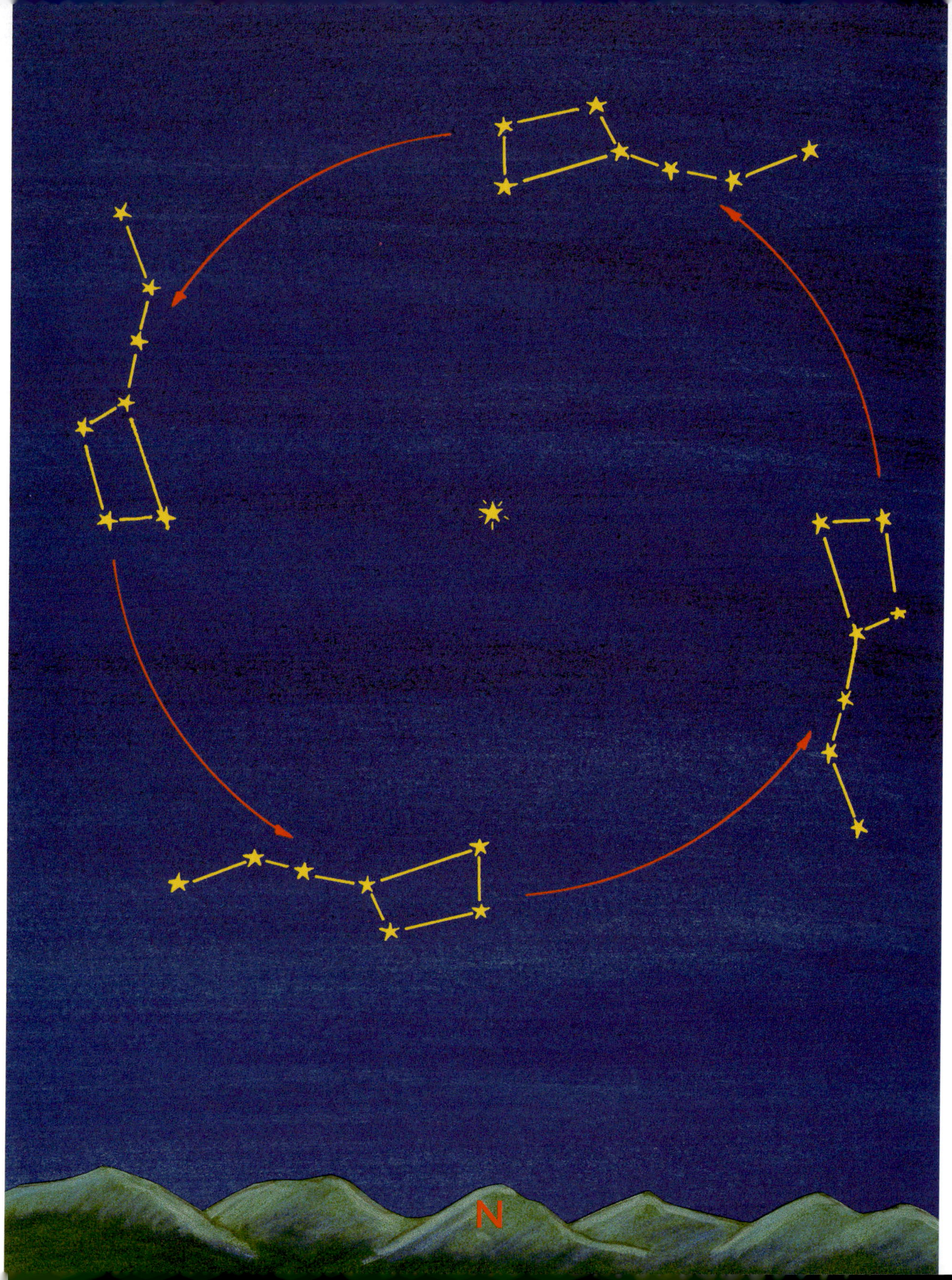
N

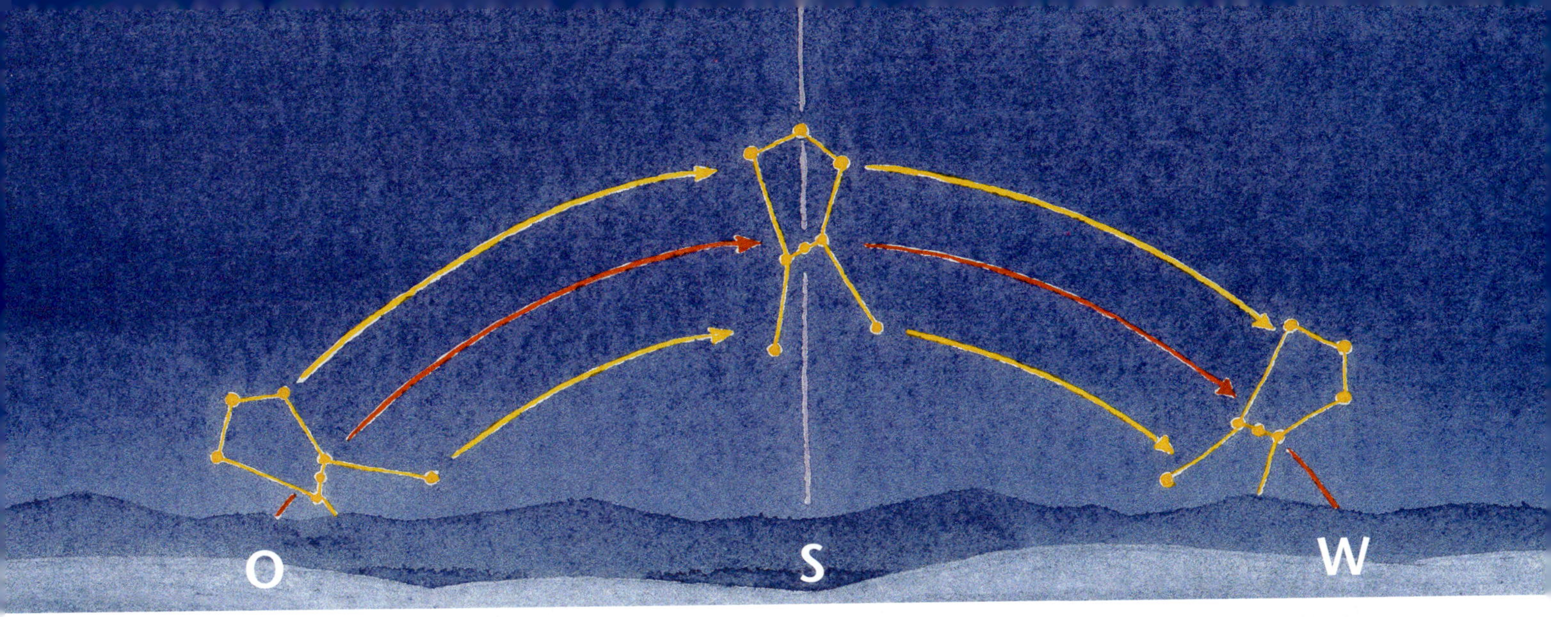

Abb. 3: Orion im Aufgang, in der Kulmination und im Untergang. Rot: Himmelsäquator, lila: Meridian.

alle Gestirne auf, in der anderen sinken sie ab. Man kann also sagen: Alle Gestirne kulminieren täglich beim Durchgang durch den Meridian.

Als Beispiel dient das Sternbild «Orion». Dies ist der große Himmelsjäger, ein Wintersternbild, und fast so bekannt wie der Große Wagen. Charakteristisch am Orion sind die drei Gürtelsterne, auch «Jakobsstab» genannt. In einem beachtlichen Abstand über diesen drei Sternen sind die beiden Schultersterne und ein schwächerer Kopfstern zu finden. Etwa im gleichen Abstand darunter sehen wir die Fußsterne (Abb. 3).

Die Bahnbögen der Orionsterne haben als Mittelpunkt den Südpol des Himmels. Dieser liegt unsichtbar so weit unter dem Horizont, wie der Polarstern über dem Horizont steht, denn die beiden Pole liegen am Himmel einander genau gegenüber.

Der oberste, rechte Gürtelstern des Orion besitzt eine Besonderheit: Er geht recht genau im Ostpunkt auf und im Westpunkt unter. Zum Gang über den Himmel braucht er immer zwölf Stunden. Diese Eigenschaft hat der oberste Gürtelstern, weil er gerade auf dem «Himmelsäquator» liegt. Der Himmelsäquator ist ein Großkreis rund um den Himmel und ist als der erweiterte Erdäquator zu verstehen. Man sieht von ihm wie vom Meridian stets nur die Hälfte. Der Himmelsäquator geht vom Ostpunkt am Horizont zum Westpunkt und unter dem Horizont wieder zum Ostpunkt zurück. Er ist nach Süden geneigt (vom Zenit aus um die geografische Breite) und trennt die obere, nördliche Himmels-Hemisphäre (Halbkugel) von der unteren, südlichen.

Abb. 2: Ein täglicher Umschwung des Großen Wagens in 24 Stunden gegen den Uhrzeiger.

Der Himmelsäquator ist von beiden Himmelspolen überall gleich weit entfernt. Beim Blick nach Norden sehen wir nur Sterne der nördlichen Hemisphäre. Beim Blick nach Süden sehen wir oberhalb des Himmelsäquators weitere Sterne der Nordhemisphäre, und darunter haben wir einen Einblick in die südliche Hemisphäre. Der oberste Gürtelstern des Orion und alle anderen Sterne auf dem Himmelsäquator sind in gewisser Hinsicht das Gegenteil zum Polarstern, denn sie bewegen sich im täglichen Umschwung auf der größtmöglichen Bahn (Großkreis) und am schnellsten von allen Fixsternen.

Nur die Sterne auf dem Himmelsäquator selbst gehen also genau im Osten auf und genau im Westen unter. Alle

Sterne oberhalb des Himmelsäquators gehören zur nördlichen Hemisphäre, die Sterne unterhalb desselben zur südlichen. Die oberen Sterne sind länger zu sehen und beschreiben längere Bahnen am Nachthimmel als die unteren. Die oberen gehen nördlich vom Ostpunkt auf und nördlich vom Westpunkt unter, von ihren Kreisen ist also über die Hälfte zu sehen. Entsprechend gehen die unter dem Himmelsäquator stehenden Sterne südlich vom Ostpunkt auf und südlich vom Westpunkt unter, wir sehen von ihren Kreisbahnen nur einen kleineren Teil, sie sind eine kürzere Zeit über dem Horizont (Abb. 3).

Beim Aufgang im Osten ist das Sternbild Orion nach hinten geneigt, bei der Kulmination im Süden steht es aufrecht, beim Untergang im Westen ist es vornüber geneigt. Im Aufgang stehen die Gürtelsterne senkrecht, im Untergang liegen sie waagrecht. – Diese eben am Beispiel des Orion gezeigte Drehung eines Sternbildes im Laufe einer Nacht vollführen alle Sternbilder entsprechend. Um sich am Sternenhimmel zurechtzufinden, ist es vorteilhaft, diesen Effekt im Bewusstsein zu haben.

Auf der Abbildung 3 scheinen die Sternbahnen der nördlichen Hemisphäre größer zu sein als der Großkreis Himmelsäquator. Dieser scheinbare Widerspruch rührt von der ebenen Abbildung des gewölbten Himmels her. Man bedenke, dass die oberen, nördlicheren Sterne des Orion bereits näher an den zirkumpolaren Sternen liegen, die alle keine Großkreise beschreiben.

Im Herbst 2008 ist auf der Halde Hoheward nahe Recklinghausen ein «Horizontobservatorium» von der dortigen Volkssternwarte eröffnet worden. Der Meridian und der Himmelsäquator sind dort durch große, massive Stahlbögen dargestellt.

Blick nach Osten und nach Westen

Wenden wir uns nach Osten, so haben wir den Teil des Horizontes vor uns, an dem ständig Sterne aufgehen. Hier ist zu beobachten, dass die Sterne sich nicht etwa senkrecht in die Höhe erheben, sondern auf einer schräg nach rechts geneigten Bahn. Um dies zu sehen, ist es hilfreich, sich die Stelle am Horizont zu merken, wo ein Stern aufging (Abb. 4). Entsprechendes gilt am Westhorizont, dort gehen alle Sterne auf schräger Bahn unter (Abb. 5).

Es bleibt noch die Frage zu klären, in welchem Winkel sich die Auf- und Untergänge vollziehen. Der Winkel zwischen einer senkrechten Linie zum Horizont und der Sternenbahn im Ost- und im Westpunkt ist wieder so groß wie die geografische Breite des Beobachtungsortes, in Mitteleuropa also etwa 50°.

Sternenbahnen fotografieren

Jeder wird schon einmal eine Fotografie von einer nächtlichen Stadt gesehen haben. Man erkennt viele Lichter von Straßenlampen und beleuchteten Fenstern. Oft sieht man eine Straße mit Strichen in Weiß und Rot. Diese wurden von den fahrenden Autos erzeugt, die weißen von den herankommenden, die roten von den Schlussleuchten der wegfahrenden. Die Strichbahnen entstehen durch das Fahren der Wagen während der Belichtungszeit des Filmes.

Um Fotos vom Nachthimmel zu machen, wird der Apparat auf einem Stativ befestigt. Solange der Verschluss nur weniger als eine Minute geöffnet wird (Drahtauslöser!), erscheinen die Sterne noch als Punkte auf dem Bild. Schon mit einer normalen Kamera (50 mm Brennweite) kann man schöne Sternbilder-Aufnahmen erhalten. Wichtig ist ein ganz dunkler Himmel. Ein Film mit höherer Empfindlichkeit bringt Vorteile. Außerdem ist es angebracht, jede Aufnahme mit variierten Belichtungszeiten zu wiederholen und dabei Notizen zu machen.

Ab fünf bis zehn Minuten Belichtungszeit hat man schon kleine Striche auf dem Bild; der tägliche Umschwung macht sich bemerkbar. Mindestens eine Stunde muss man belichten, um ordentliche Sternenbahnen zu bekommen. Bei einer Aufnahme nach Norden in Richtung Pol zeichnen die Sterne des Großen Wagens sieben Bögen auf den Film. Andere polnahe Sterne zeichnen ebenfalls Kreisbögen auf, größere oder kleinere. Nur der Polarstern bewegt sich fast nicht. Je näher die Sterne an ihm stehen, desto kürzer und stärker gekrümmt sind die Bögen (Abb. 6). Dieses Bild zeigt, dass die Sterne sich auf Kreisen bewegen und der

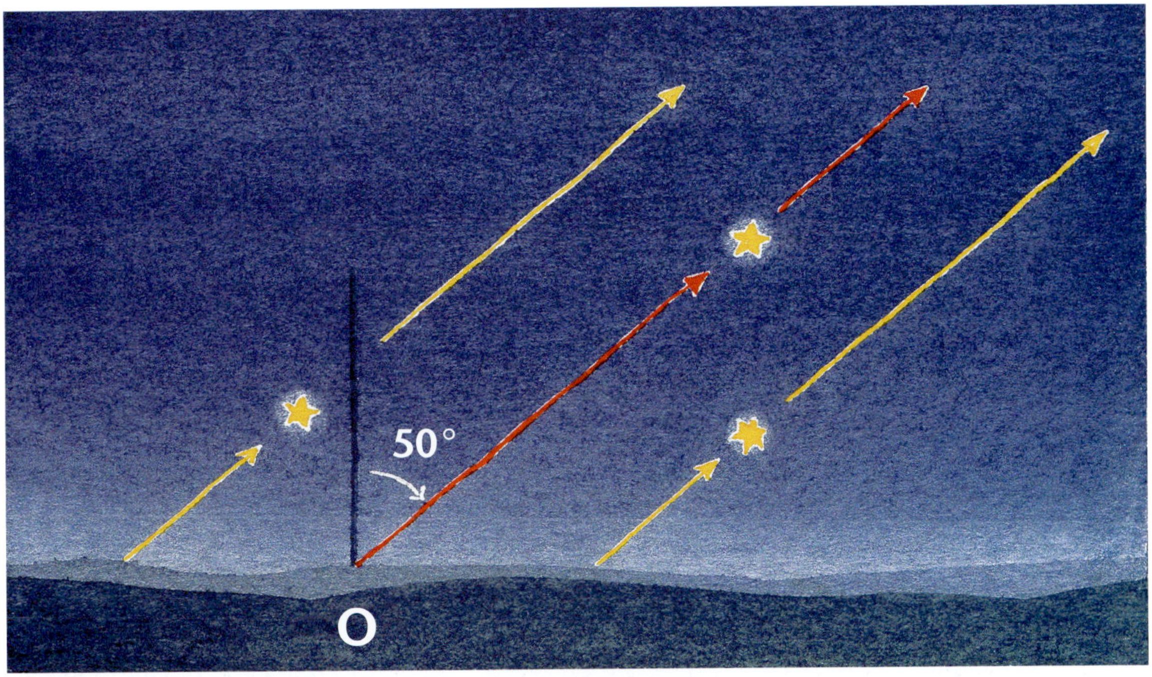

Abb. 4: Schräger Aufgang der Sterne im Osten.

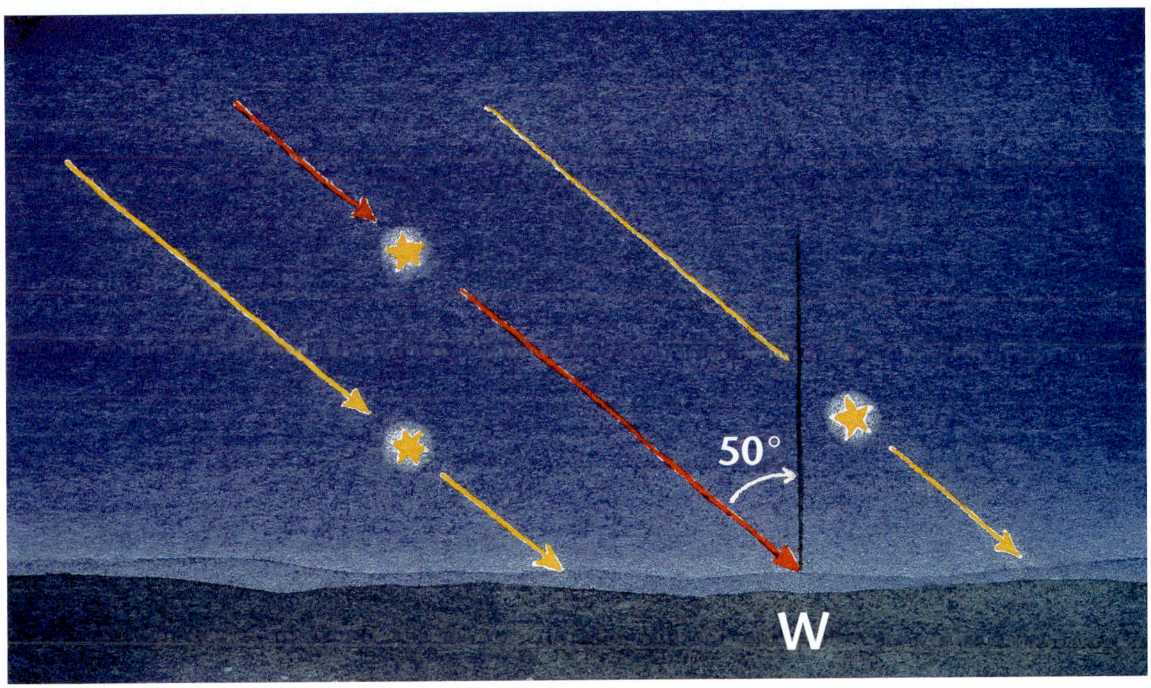

Abb. 5: Schräger Untergang der Sterne im Westen.

Abb. 6: Langzeitaufnahme der Gegend um den Himmelsnordpol (Fotos Abb. 6 und 7: Martin Rietze).

Abb. 7: Langzeitaufnahme des Sternbildes «Orion». Deutlich sind die drei Gürtelsterne zu sehen.

Himmelspol still steht, sich nicht am täglichen Umschwung beteiligt. Einen kleinen Bogen macht der Polarstern aber doch, weil er nicht ganz genau im Himmelspol steht. Alle diese gekrümmten Sternbahnen des Nordhimmels sind keine Großkreise.

Ganz anders wird eine Aufnahme ausfallen, wenn die Kamera auf das Wintersternbild Orion gerichtet ist (Abb. 7). Die Sterne zeichnen auf den fotografischen Film gerade Linien. Der oberste Gürtelstern fährt den Himmelsäquator nach. Hier scheint ein Widerspruch zu existieren, denn der Himmelsäquator wurde als Kreisbogen gezeichnet (Abb. 3). Beides ist richtig. Der Himmelsäquator ist ein Großkreis, die Kamera steht in seiner Mitte, daher ziehen die Sterne dort eine gerade Linie auf den Film. Die Zeichnung stellt, wie in der Einleitung bemerkt, einen Kompromiss dar. – Wieder andere Bilder gibt es beim Fotografieren nach Osten oder

Westen. Dort kommen die schräg stehenden Bahnen zur Geltung. Interessierte Leser mögen es ausprobieren.

Wer einen Farbfilm bei dem eben geschilderten Foto-Experiment verwendet, wird auf den Bildern verschieden farbige Sternspuren erkennen. Tatsächlich, die Sterne haben verschiedenfarbiges Licht. Dies ist mit bloßem Auge nur andeutungsweise zu erkennen. Auf der Fotografie sieht man die Farben dagegen deutlicher als am Himmel.

Zusammenfassung

Der tägliche Umschwung erfasst alle Sterne. Er drückt sich in deren Bewegung von Osten über Süden nach Westen aus. Die Sterne gehen in östlicher Gegend schräg nach Süden geneigt auf und gehen im Westen schräg von Süden kommend unter. Nach etwa 24 Stunden stehen die Sterne wieder so wie am Tag zuvor. Beim Blick nach Süden vollzieht sich dieser Umschwung im Uhrzeigersinn, beim Blick nach Norden jedoch dagegen. Die Sterne kreisen um den Himmelsnordpol, den ruhenden Polarstern, dessen Höhe über dem Horizont gleich der geografischen Breite des Beobachtungsortes ist. Es gibt im Norden Sterne zu beobachten, die nie auf- oder untergehen; man nennt sie «Zirkumpolarsterne».

Vom Ostpunkt über Süden zum Westpunkt spannt sich der Himmelsäquator. Er trennt den Himmel in eine Nord- und eine Südhemisphäre. Der oberste Gürtelstern des Orion steht recht genau am Himmelsäquator. Der Meridiankreis geht vom Südpunkt am Horizont über den Zenit und den Himmelspol zum Nordpunkt. Er schließt sich unter dem Horizont über den Nadir zum Kreis. Beim südlichen Durchgang durch den Meridian kulminieren die Sterne.

Die Drehung der Erde

Das Himmelsgewölbe mit seinen Sternen dreht sich um eine unsichtbare Achse, die durch den Polarstern geht. Die Sterne sind am Himmelsgewölbe wie festgemacht, fixiert, daher nennt man sie die «Fixsterne».

Die meisten der bisher geschilderten Beobachtungen betreffen den täglichen Umschwung. Es drängt sich die Frage nach der Ursache dieser Erscheinungen auf. Bewegen sich wirklich all die vielen Sterne täglich in der gleichen Ordnung um uns herum?

In geschichtlichen Frühzeiten bis ins Mittelalter hinein stellte man sich die Erde als eine Scheibe vor. Die Sterne, so dachte man weiter, seien an einer großen «Kristallschale» befestigt und diese drehe sich über die Erdscheibe hinweg. Seit Beginn der Neuzeit deutet man den täglichen Umschwung anders: Nicht das Himmelsgewölbe mit den vielen Sternen bewegt sich, sondern die Erde. Sie ist eine Kugel und dreht sich im Weltall schwebend um ihre Achse. Diese Vorstellung ist in gewisser Weise weniger «aufwändig», dafür aber kühner: Nicht die vielen Sterne bewegen sich, sondern die Erde dreht sich.

Ob den Erscheinungen die eine oder die andere Annahme zugrunde liegt, die oben geschilderten Beobachtungen sind die gleichen. Jeder kennt das: Man sitzt in einem Zug, der demnächst abfahren soll. Da glaubt man plötzlich, der Zug würde schon fahren. Bei genauerem Hinsehen stellt man aber fest: Der Zug am Nebengleis rollt in entgegengesetzter Richtung. Diese Klarstellung gelingt durch einen Blick auf den feststehenden Bahnsteig. Aber wie ist das nun mit den Sternen? Hier gibt es keinen Bahnsteig.

Bei der neuen Vorstellung ist ein übersichtlicher Standort fern der Erde nötig. Dieser kann nur in Gedanken eingenommen werden. Es ist das Verdienst des Kirchenmannes Nikolaus Kopernikus (1473 – 1543), diese Vorstellung eingeführt zu haben. Man spricht vom «kopernikanischen Weltsystem» mit der Sonne als ruhenden Mittelpunkt. Es ist allgemein anerkannt. Auch in dieser Schrift wird der «kopernikanische Standpunkt» zum Verstehen der beobachteten Erscheinungen verwendet.

Abb. 8: Durch die Drehung der Erde um ihre Achse gegen den Uhrzeiger gehen die Sterne im Westen unter.

Wir stellen uns also eine im Weltenall frei schwebende, sich drehende Erdkugel vor. Traditionsgemäß ist Norden oben (Abb. 8). Es ist zunächst zu klären, in welcher Richtung sich die Erde dreht, d.h. zu kontrollieren, ob die Pfeilrichtungen in der Abbildung stimmen. Das eingezeichnete Männchen «fährt» durch die Drehung der runden Erde rückwärts von West nach Ost. Dadurch verschwinden für das Männchen die gezeichneten Sterne hinter der Dicke der Erde, sie gehen im Westen unter. Die Pfeilrichtung ist also richtig eingetragen. Um aufgehende Sterne zu sehen, muss sich der Beobachter umdrehen und nach Osten blicken. Die Erde dreht sich also von oben (von Norden) gesehen gegen den Uhrzeiger, links herum, in 24 Stunden einmal.

Es ist weiterhin nachzuprüfen, ob auch die anderen bisher festgehaltenen Beobachtungen durch die neue Vorstellung erklärt werden können. Trotz der Rotation der Erdkugel steht der Polarstern still, wenn er sich in der Verlängerung der Erdachse befindet. Er ist so weit weg von der Erde zu denken, dass die Blickrichtung bei der durch die Erddrehung entstehende Versetzung von der Stelle A nach B (in Abb. 9) praktisch die gleiche ist, parallel zur Erdachse.

Weiterhin wissen wir: Die Polhöhe ist so groß wie die geografische Breite des Beobachtungsortes. Auch das lässt sich aus Abbildung 9 ableiten, denn zwei Winkel sind gleich, wenn deren Schenkel senkrecht aufeinander stehen (blauer und grüner Winkel).

Auch die Erscheinung der Zirkumpolarsterne lässt sich erklären: Alle Sterne, die in der Nähe des Polarsternes zwischen den verlängerten Horizonten der Abbildung 9 stehen, sind zirkumpolar, d.h. immer zu sehen.

Es lassen sich vom kopernikanischen Standpunkt aus auch die schiefen Auf- und Untergänge der Gestirne erklären. Ein Mensch am Äquator steht senkrecht zur Erdachse, weil sein Horizont eine parallele Lage zu ihr hat (Abb. 10). Der Horizont eines Menschen auf einer mittleren geografischen Breite steht schief zur Erdachse, daher scheinen an dieser Stelle die Sterne schräg aufzugehen. Entsprechendes gilt für den Untergang. Die Ursache der schrägen Auf- und Untergänge ist also unser Aufenthalt auf einer mittleren geografischen Breite der Erde zwischen Pol und Äquator.

Ein Mensch am Äquator macht durch die Erdrotation den größten täglichen Weg. Eine einfache Rechnung gibt uns die Geschwindigkeit, die durch die Erddrehung am Äquator entsteht: 40.000 km : 24 Stunden = 1.667 km/h. Das ist weit mehr als die Schallgeschwindigkeit!

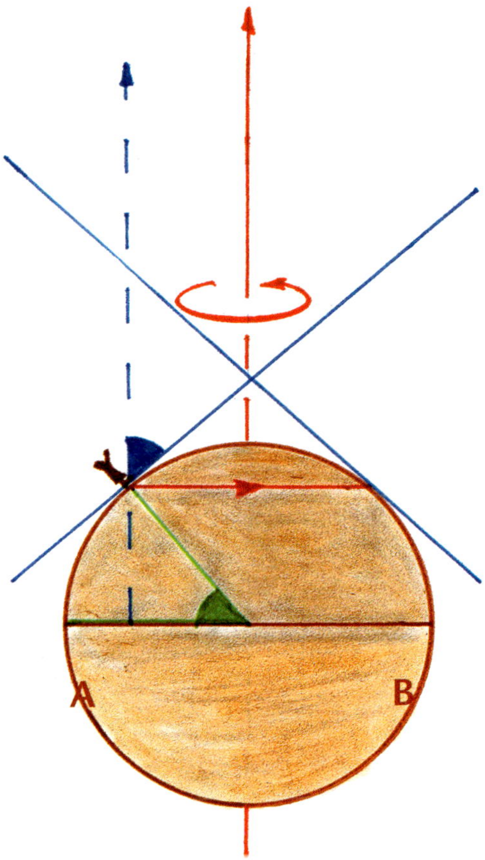

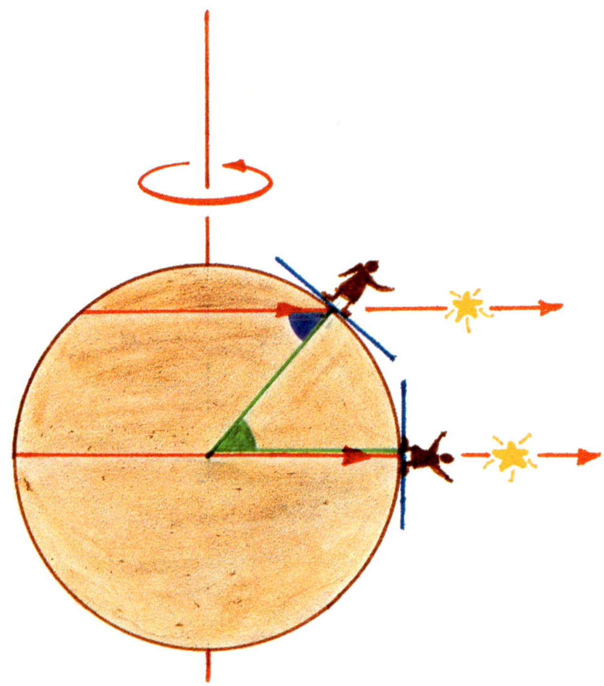

Abb. 9: Der blaue Winkel ist die Höhe des Polarsternes über dem blau gezeichneten Horizont. Der grüne Winkel ist die geografische Breite des Beobachtungsortes. Beide Winkel sind gleich groß, weil ihre Schenkel senkrecht aufeinander stehen. Wegen der sehr großen Entfernung des Polarsternes ist die Blickrichtung zu ihm praktisch parallel zur Erdachse. – Alle Sterne zwischen den blauen Horizontebenen sind für den eingezeichneten Beobachter immer sichtbar, also zirkumpolar.

Abb. 10: Die beiden aufgehenden Sterne sind weit hinten vorzustellen. Für den Menschen am Äquator geht der Stern senkrecht auf. Für den Menschen in mittlerer geografischer Breite geht der Stern schräg auf, denn sein Horizont steht schräg. Der Winkel von einer Senkrechten am Horizont zur Sternenbahn (blau) ist gleich der geografischen Breite (grün).

Das große Pendel

Wie steht es nun mit dem Wahrheitsgehalt der kopernikanischen Vorstellung? Im Jahre 1850 wollte ein Franzose namens Foucault endlich eine eindeutige Antwort auf diese Frage haben. Er befestigte an der hohen Decke eines Saales der Sternwarte in Paris einen langen Draht, an dem unten ein Gewicht hing. So hatte er ein langes Pendel. Er kennzeichnete genau den Startpunkt des Gewichtes, und dann ließ er es schwingen. Die Schwingungsebene des Pendels drehte sich tatsächlich im Laufe der Zeit. Es gab nur eine einzige Erklärung: Die Drehung des Pendels ist nur scheinbar, die Schwingungsebene bleibt nach den Sternen ausgerichtet, und die Erde dreht sich darunter hinweg. Seitdem spricht man vom «Foucaultschen Pendelversuch».

In Äquatornähe zeigt der Versuch keinen Erfolg, an den Polen hingegen ist die Pendeldrehung am besten zu beobachten. Für den Versuch braucht man ein recht langes Pendel. Im Turm des Deutschen Museums in München wird er täglich vorgeführt.

Es gibt noch andere Naturerscheinungen, die die Rotation der Erde zur Ursache haben. Wer etwa eine Wetterkarte von Europa studiert, kann erkennen, dass die Luftwirbel in den Tiefdruckgebieten stets gegen den Uhrzeigersinn gerichtet sind. Das ist auch eine Folge der Erddrehung. Ballonfahrer wissen, dass die Luftströmungen mit zunehmender Höhe in der Regel weiter nach rechts gerichtet sind. Auch dieses Phänomen hat seine Ursache in der Erddrehung.

Zusammenfassung

Vom mechanischen Standpunkt aus ist es einfacher zu denken, dass die Sterne still stehen und die Erde sich dreht. Diese Vorstellung verfolgte Kopernikus, sie erklärt alle bisher besprochenen Erscheinungen am Sternenhimmel.

Trotz der eben gemachten Feststellung, dass die Erde als eine sich drehende Kugel vorzustellen ist und die sie umgebenden Sterne ruhend, werden wir im Alltag weiterhin von Auf- und Untergängen sprechen. Diese Ausdrucksweise entspricht unserer unmittelbaren Wahrnehmung.

Sternbilder

Wir nehmen uns noch einmal den Großen Wagen vor (Abb. 11). Dieses Sternbild bietet weitere Besonderheiten: Über dem Knickstern der Deichsel («Mizar») steht nahe daran, im Abstand von nur $^1/_5$ Grad, ein schwacher Begleiter. Wer dieses Sternchen mit bloßem Auge sehen kann, hat gute Augen, daher nennt man es auch den «Augenprüfstern». Offiziell heißt dieser Stern «Alkor». Man bezeichnet ihn außerdem noch als «Reiterchen», weil die drei Deichselsterne auch als Pferde angesehen werden können, die den Wagen ziehen. Auf dem mittleren Pferd sitzt das lenkende Reiterchen. So gesehen fährt der Große Wagen im täglichen Umschwung rückwärts über den Himmel. Wer das Reiterchen mit bloßem Auge nicht sieht, möge einen Feldstecher benützen.

In den sieben großen, fast gleich hellen Sternen des Großen Wagens sehen die Inder ihre Weisheitsführer, die «heiligen Rischis».

Der Große Wagen ist ein Teil des Sternbildes Großer Bär. Beim Bären bilden die drei Deichselsterne den Schwanz; der Kasten des Wagens ist der hintere Teil des Körpers, der in etwa gleicher Größe nach vorn durch zwei weitere, schwächere Sterne fortgesetzt wird. Auch ein Bärenkopf ist zu sehen. Zwei ähnliche, langgestreckte Dreiecke unter dem Körper werden als Tatzen gedeutet. Der Große Bär ist ein riesiges Sternbild. Er wandert richtig herum um den Polarstern, mit dem Kopf voraus.

Nicht nur während einer Nacht ändert sich der Sternenhimmel, auch im Lauf eines Jahres wandelt sich der Anblick der Sterne. Der Sommersternhimmel ist ein anderer als der im Winter; im Frühling sieht man andere Sterne als im Herbst. Es gibt also außer dem täglichen Umschwung noch eine jährliche Änderung. Sie hat ihre Ursache darin, dass jeder Stern wöchentlich etwa eine halbe Stunde früher auf- und untergeht. Im Frühjahr erscheint unter den vielen Sternen das Frühlingsdreieck, den ganzen Sommer über leuchtet das Sommerdreieck, und den Herbst ziert das Herbstviereck; in den Winternächten schließlich leuchtet das prächtige Wintersechseck. Wer diese Konfigurationen kennen gelernt hat, wird von ihnen ausgehend die

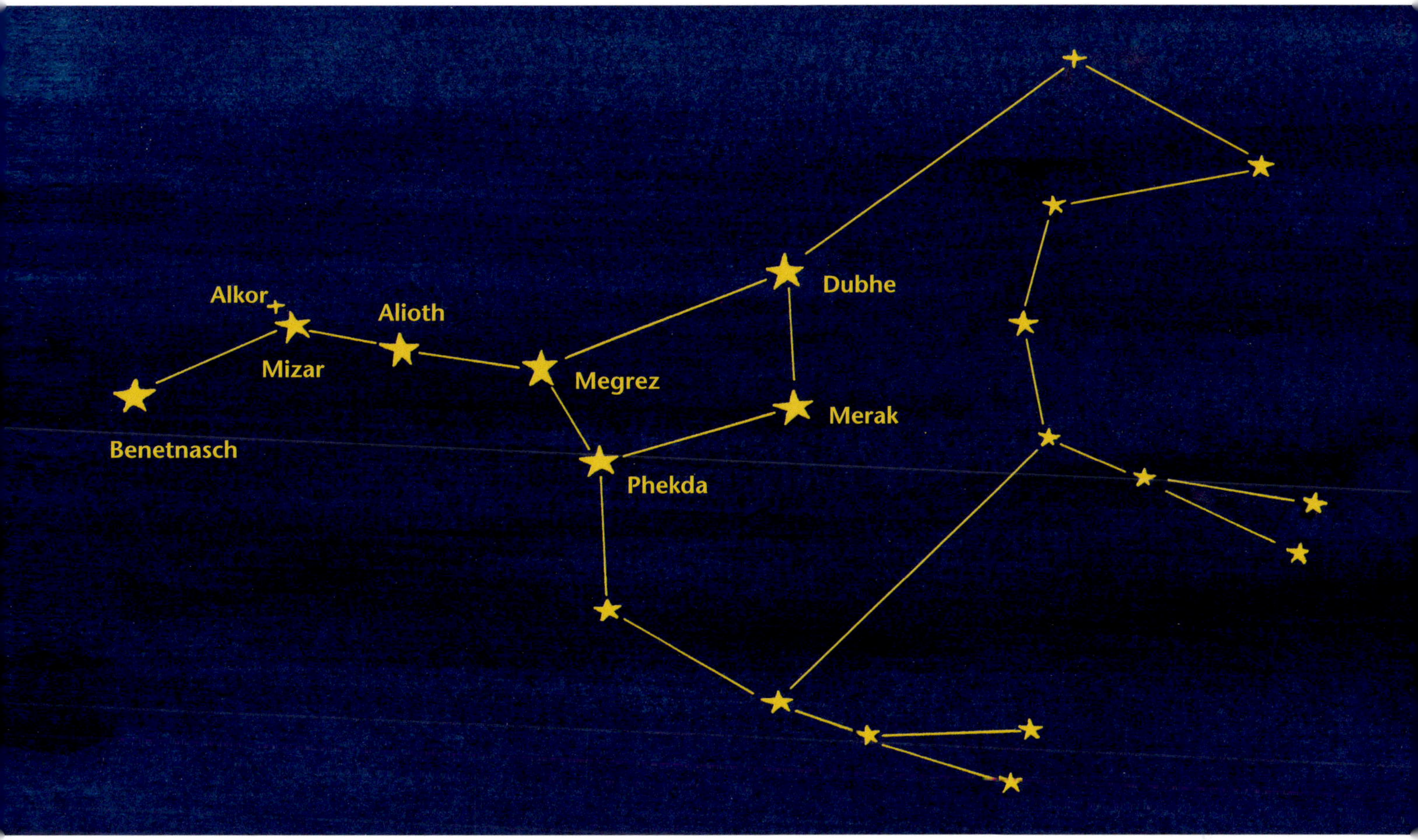

Abb. 11: Der Große Wagen ist ein Teil des Großen Bären.

dazugehörigen Sternbilder finden. Im Norden sind immer die gleichen Sternbilder zu sehen, jedoch jahreszeitlich in verschiedenen Lagen.

Das Zurechtfinden am Sternenhimmel ist nicht einfach. Die folgenden Ausführungen werden eine Hilfe sein. Ergänzend gibt es als Hilfsmittel eine Menge guter Bücher[2–5] und vor allen Dingen drehbare Sternkarten.[6–8]

Der Sternenhimmel im Winter

Wir wenden uns zunächst nach Süden. In den «Zwölf Heiligen Nächten» steht gegen Mitternacht das prächtige «Wintersechseck» dort. Sechs helle Sterne in sechs verschiedenen Sternbildern lassen sich zu einem nicht ganz regelmäßigen, aufrecht stehenden Sechseck verbinden. Diese sechs Sterne sind auffallend hell und haben alle einen Namen: Rigel im Orion, Sirius im Großen Hund, Prokyon im Kleinen Hund, Pollux in den Zwillingen, Kapella im Fuhrmann, Aldebaran im Stier (Abb. 12, S. 23).

Wir beginnen mit dem schon bekannten Orion. «Rigel» heißt sein (von uns aus gesehen) rechter Fußstern, er gehört zum «Wintersechseck». Die Schultersterne (der linke heißt «Beteigeuze») und der Kopfstern wurden schon erwähnt, ebenso die drei markanten Gürtelsterne. Als Jäger hat Orion unter dem Gürtel ein Schwertgehänge, gebildet von mehreren kleinen Sternen und einem Nebelfleck (mit dem Feldstecher zu erkennen!). Rechts vom Orion ist eine Reihe aus kleinen Sternchen erkennbar. Diese können als gespannter Bogen angesehen werden, er passt zur Schulterhaltung des Jägers. Manche sehen den Orion mit erhobener Keule. Bei den Sternbildern darf der Betrachter seine Fantasie walten lassen; die Sternverbindungen sind nicht genormt, man findet in verschiedenen Darstellungen verschiedene Linienzüge.

Ein ordentlicher Jäger hat Hunde bei sich. So ist das auch am Himmel. Der nächste Stern des Wintersechsecks ist links unterhalb des Orion im «Großen Hund» zu finden. Er ist der hellste Fixstern überhaupt, heißt «Sirius» und funkelt in allen Farben: Weiß, Gelb, Rot, Blau, Grün. Einzelne Sterne rechts von ihm und unter ihm bilden das Sternbild. Man kann sich einen Hund vorstellen, der «Männchen» macht. Sirius ist das Auge oder die Schnauze, er ist der tiefste Stern im Wintersechseck; er stellt die Spitze dar, auf der es steht.

Der dritte Stern des Wintersechsecks ist der Hauptstern des «Kleinen Hundes». Um ihn zu finden, blicken wir eine gute Handspanne (bei ausgestrecktem Arm) höher etwas nach links. Dort steht einsam, nur von einem Sternchen schräg rechts über ihm begleitet, der helle Stern «Prokyon», der Vorhund, denn er geht stets vor dem Großen Hund auf.

Eine Stufe höher steht ein Sternenpaar übereinander, «Castor» und «Pollux», die Köpfe der Zwillinge. Pollux, der untere, gehört als der etwas hellere zum Wintersechseck. Als Körper der Zwillinge findet man zwei Reihen von je vier Sternen, nach rechts etwas abwärts gerichtet. Auch Fußsterne sind da: Pollux steht fest auf dem Boden, Castor steht auf den Zehenspitzen. Bei ganz klarem Himmel erkennt man auch die Arme der Zwillinge. Dieses Sternbild gehört zum Tierkreis, der später noch genauer beschrieben wird.

Um die obere Spitze des Wintersechsecks zu finden, müssen wir uns nahezu den Hals verrenken – «Kapella» im Fuhrmann steht fast im Zenit. Dieses Sternbild erscheint als ein etwas zusammengedrücktes Fünfeck, Kapella bildet die obere Spitze. Dicht bei Kapella schmiegt sich ein in die Länge gezogenes kleines Dreieck an, das Zicklein, das der Fuhrmann im Arm hält. Kapella ist in Mitteleuropa gerade noch zirkumpolar, der Rest des Sternbildes nicht mehr.

Den sechsten und letzten Stern des Wintersechsecks findet man von Kapella aus ein Stück weit rechts unten. Dort steht der rötliche «Aldebaran», das Auge des Stieres. Er ist der Anfang von einem «V», das man die «Hyaden» oder die «Regensterne» nennt. Diese Sterngruppe bildet den Kopf des Stieres. Die mächtigen Hörner des Tieres stehen in Richtung Fuhrmann, der obere Hornstern gehört sogar gleichzeitig zum Fuhrmann-Fünfeck. Rechts über den Hyaden befindet sich ein Sternenhäuflein mit dem Namen «Plejaden» oder «Siebengestirn». Trotz guter Augen werden meistens nur sechs Sterne gezählt. Mit einem Feldstecher erkennt man eine ähnliche Gruppierung wie im Großen Wagen. Diese Plejaden bilden den Rücken des Stiers. Der Raum zwischen den Hyaden und den Plejaden wird das «Goldene Tor» genannt. Die Vorderbeine des Stiers sind ebenfalls noch zu sehen – er trug als verwandelter Zeus die Königstochter Europa schwimmend nach Kreta.

Die obige Schilderung gilt, wie erwähnt, für die Weihnachtszeit zur Mitternacht. In der gleichen Stellung, also kulminierend, findet man Orion mit dem Wintersechseck Ende Januar bereits um 22 h und Ende Februar um 20 h. Ende März werden diese Sterne um 18 h kulminieren, aber zu dieser Zeit dämmert es noch kaum. Andererseits finden wir das Wintersechseck Ende November um 2 h morgens in Kulmination, Ende Oktober um 4 h und Ende September um 6 h morgens, bei beginnender Dämmerung.

Die Sterne des Wintersechsecks gehen an Winterabenden auf und morgens unter, sie sind die ganzen Tiefwinternächte über zu sehen. Die erste Sichtbarkeit dieses Wintersternbildes und seiner Begleiter beginnt in den frühen Morgen-

Abb. 12: Das Wintersechseck kulminiert in der Weihnachtszeit um Mitternacht im Süden, Ende Januar bereits um 22 h, Ende Februar um 20 h usw. Die Milchstraße geht mitten hindurch.

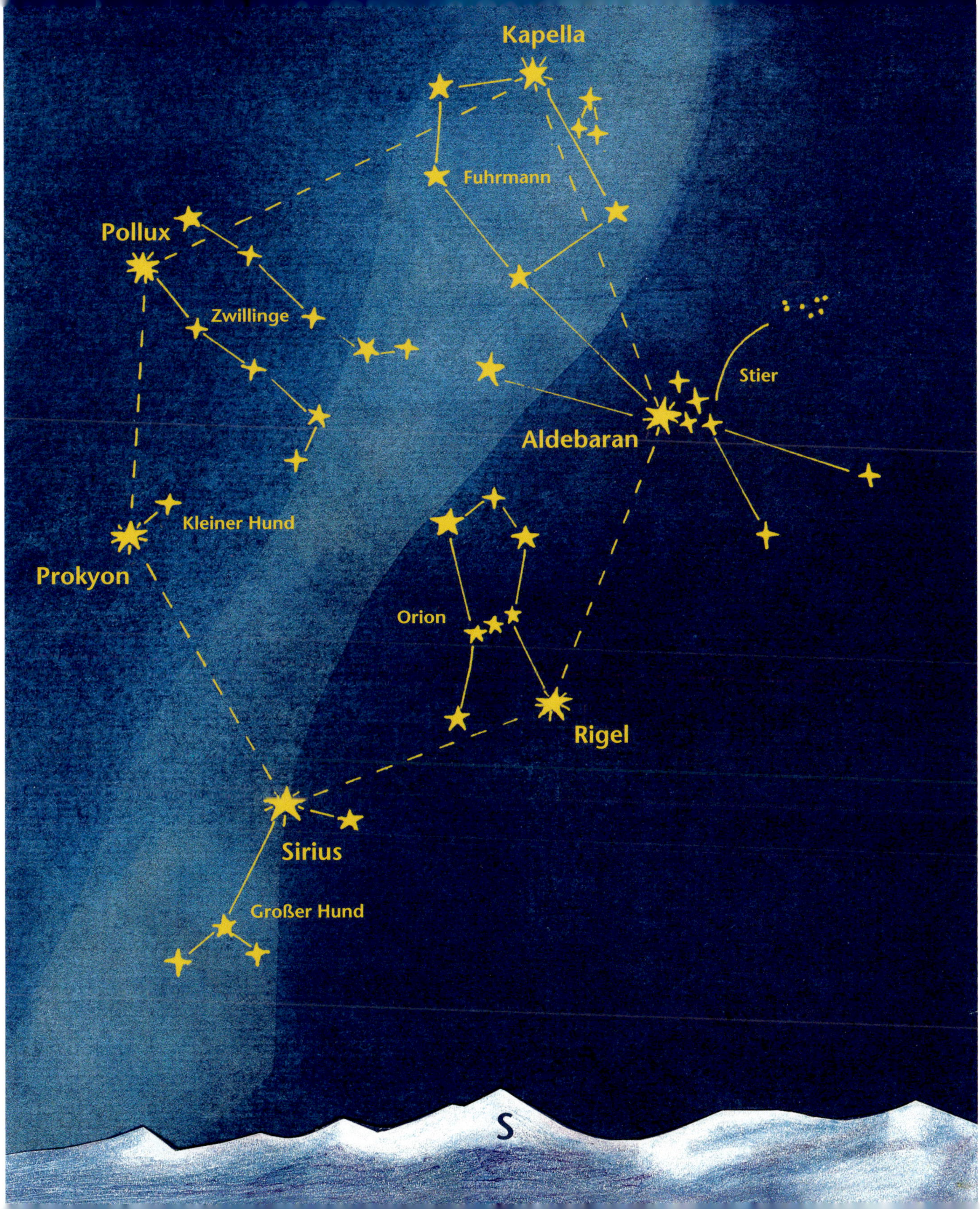
Kapella
Fuhrmann
Pollux
Zwillinge
Stier
Aldebaran
Kleiner Hund
Prokyon
Orion
Rigel
Sirius
Großer Hund
S

stunden des Herbstes mit deren Aufgang im Osten; wegen des beginnenden Tages sind sie jedoch nicht lange zu sehen. In den Abendstunden des beginnenden Frühlings verabschieden sich die Wintersternbilder, im Westen untergehend. Deswegen lassen sie sich zu dieser Zeit auch nicht lange sehen. Im Sommer ziehen sie unsichtbar am Tag über den Himmel. – Entsprechendes gilt für die anderen jahreszeitlich charakteristischen Sternbilder.

Links der Zwillinge steht das unscheinbare Sternbild Krebs: ein regelmäßiges Dreieck mit dem zarten Sternenhaufen Praesepe in der Mitte (geeignet für die Betrachtung mit dem Feldstecher). Noch weiter links geht der Löwe auf. Rechts vom Stier finden wir die drei Sternchen des Widder; die zwei helleren bilden Schädel und Horn des Tieres. Es handelt sich der Sage nach um ein Tier mit goldenem Fell, aus dem später das «Goldene Vlies» wurde. – Noch weiter rechts schicken sich die Fische an unterzugehen; sie bestehen aus lauter kleinen Sternchen (Abb. 25 und 26).

Unter dem Orion ist das kleine Sternbild Hase zu sehen und unter dem Widder die «Mira» im Walfisch. Über dem Stier, rechts vom Fuhrmann, steht Perseus, dessen schön geschwungener Linienzug als die Arme des Helden gedacht werden können. Perseus hat das grauenvolle Haupt der Medusa abgeschlagen. In seinem Sternbild verändert der zweithellste Stern seine Helligkeit, man nennt ihn daher einen «veränderlichen Stern». Dieser sei das Medusenhaupt, sagt man, das Perseus in einem Sack an der Hand trägt. Der Stern heißt «Algol»; alle zweieinhalb Tage wird er für einige Stunden deutlich dunkler.

Nicht zu vergessen ist das kleine Dreieck über dem Widder, es stellt das wachende Auge Gottes dar. Hier wird traditionell der Anfang des Tierkreises gesehen. Diese und andere Feinheiten sind beispielsweise in den drehbaren Sternkarten[6–8] dargestellt.

An den Frühlingsabenden verschwinden die Wintersternbilder in doppelter Weise: Sie gehen früher unter, und es wird später dunkel. Dafür tauchen im Osten die Frühlingssternbilder auf.

Der Sternenhimmel im Frühling

Das «Frühlingsdreieck» besteht aus den Sternen «Regulus» im Löwen, «Arktur» im Bootes und «Spika» in der Jungfrau (Abb. 13). Dieses Dreieck kulminiert im April um Mitternacht, es ist im Februar um Mitternacht gerade aufgegangen und ist im Dezember schon in den frühen Morgenstunden zu sehen. Bis in den Juli hinein erkennen wir es am abendlichen Horizont untergehend.

Regulus, übersetzt «der kleine König», bildet das Herz des Löwen. Regulus steht an der rechten unteren Ecke eines leicht auffindbaren Trapezes, das den Rumpf des Tieres darstellt. Auch der Löwenkopf ist als Sternenbogen nach rechts zu sehen. Der Löwe ist eines derjenigen Sternbilder, bei denen man den Namen dem Bild leicht zuordnen kann. Der Sage nach handelt es sich um den «Nemeischen Löwen», den Herakles besiegte. Auch der Löwe gehört dem Tierkreis an. Vom Löwen ist es nicht weit zum Großen Wagen, er steht über seinem Rücken (Abb. 17).

Arktur ist der Hauptstern im Bootes. Dieses Sternbild ist in der bogenförmigen Verlängerung der Deichsel des Großen Wagens zu finden. Arktur hat zwei Begleiter, und er ist der Griff einer riesigen Keule. In Amerika vergleicht man das Sternbild ganz prosaisch, aber treffend mit einer «Eistüte». Bootes wird auch der «Bärenhüter» oder «Bärentreiber» genannt, denn im täglichen Umschwung treibt er tatsächlich den Großen Bären um den Polarstern herum. Der Große Bär ist eine Erweiterung des Großen Wagens (er wird im Kapitel «Zirkumpolarsterne» näher beschrieben).

Spika ist der Hauptstern der Jungfrau. Sie ist die Ähre, die die Göttin in der Hand hält. Man findet sie, indem man den Bogen der Wagendeichsel über Arktur hinaus verlängert (Abb. 17). Zum langgestreckten Sternbild der Jungfrau Demeter gehören noch einige schwächere Sterne – es ist schwierig, sie zu einem Frauenbildnis zusammenzusehen. Charakteristisch ist eine gewisse Y-Konstellation in diesem Sternbild, Spika ist hierbei der Fußpunkt des Buchstabens. Auch die Jungfrau gehört dem Tierkreis an. Zwischen ihr und dem benachbarten Löwen befindet sich der

Abb. 13: Das Frühlingsdreieck steht in der Osterzeit um Mitternacht im Süden.

Bootes
Arktur
Löwe
Regulus
Jungfrau
Spika
S

«Herbstpunkt». Von diesem wird später noch zu berichten sein.

Im Westen erinnern die Zwillinge und der Fuhrmann an den Winter. Neu erscheinen links der Jungfrau die vier schwachen Sternchen der Waage (Abb. 26). Es ist nicht schwer, in ihnen tatsächlich eine Waage zu sehen. Unter der Jungfrau befindet sich der Rabe und der Becher. Gegen Mitternacht gehen der Schlangenträger und die Schlange auf, zwei Sternbilder, die sich gegenseitig durchdringen. Darüber steht der Herkules. Zwischen letzterem und dem Bootes prangt die Krone, ein kleiner Halbkreis mit der hellen «Gemma», dem Edelstein, darin. Es zeigen sich bereits die ersten Sterne des Sommerdreiecks.

Der Sternenhimmel im Sommer

Die Sterne «Wega» in der Leier, «Deneb» im Schwan und «Atair» im Adler bilden das «Sommerdreieck» (Abb. 14). Es ist im Mai gegen Mitternacht aufgegangen, zu Johanni sieht man es um 22 h im Osten, und im Juli kulminiert es sehr hoch gegen Mitternacht. Wegen der wieder früher beginnenden Dämmerung sehen wir einen Teil des Sommerdreiecks paradoxerweise bis in die Abende des folgenden Januars hinein.

Bei der bläulich-weißen Wega befindet sich der rechte Winkel des Dreiecks. Einige kleinere Sternchen in Wegas Nachbarschaft bilden das recht kleine Sternbild der Leier. Es handelt sich um Apollos Leier, mit der Orpheus den Gang in die Unterwelt wagte.

Der Schwan ist dagegen ein riesengroßes Sternbild. Der hellste Stern darin ist der Schwanzstern, «Deneb» genannt. Vier Sterne, fast exakt in einer Reihe und im gleichen Abstand nach rechts unten weisend, deuten den langen Hals und den Kopf an. Am zweiten Stern nach Deneb setzen symmetrisch die geknickten Schwingen an, je zwei Sterne zu beiden Seiten. Der mächtige Vogel fliegt mit kurzem Schwanz und charakteristisch gestrecktem Hals schräg nach unten. – Das Kernstück des Sternbildes wird auch «Kreuz des Nordens» genannt.

Atair ist das Auge des Adlers. Zwei Sterne begleiten ihn. Der Adler fliegt dem Schwan entgegen. Seine Flügel sind nicht so schön symmetrisch, es scheint, als ob er die rechte Schwinge anwinkeln würde, um dem entgegenkommenden Schwan Platz zu machen. Der Rumpf ist ähnlich deutlich zu sehen wie beim Schwan.

Im Raum des Sommerdreiecks sind die beiden kleinen Sternbilder «Pfeil» und der springende «Delphin» zu finden. Das Sommerdreieck liegt fast ganz in der Milchstraße.

In den Sommernächten stehen relativ niedrig im Süden der Skorpion und der Schütze, zwei Sternbilder des Tierkreises (Abb. 26). Der Skorpion mit dem rötlichen «Antares» als Hauptstern hat etwas Drohendes an sich. Nach rechts gehen die Scheren weg. Früher zählte man die Sterne der Waage zu den Scheren des Skorpion dazu. Den drohenden Stachel sieht man von Mitteleuropa aus nicht, er ist unter dem Horizont verborgen.

Zwischen dem Skorpion und dem nach links folgenden Schützen liegt der tiefste Punkt des Tierkreises. Dies ist zugleich seine hellste Stelle, weil hier recht viele Sterne versammelt sind. Der Schütze ist ein gedrungenes Sternbild, der gespannte Bogen zielt nach rechts auf den Skorpion. Der Schütze ist ein Kentaur, ein wildes Wesen mit menschlichem Kopf einschließlich Oberkörper und einem Pferderumpf mit Hufen. Schräg über ihm steht der Adler.

Der Steinbock weiter nach links ist wieder ein bescheidenes Sternbild. Über Skorpion und Schütze ist jetzt deutlich der Schlangenträger mit der Schlange zu sehen und noch höher der Herkules kopfüber, der Drache beißt ihm ins Bein (Abb. 26).

Der Sternenhimmel im Herbst

Weniger spektakulär, aber auch charakteristisch zeigt sich das «Herbstviereck» (Abb. 15); es ist fast ein Quadrat. Die vier Sterne stehen im Vergleich zum Wintersechseck, Frühlings- und Sommerdreieck nah beisammen, sie sind nicht besonders hell und gehören alle vier zu einem Sternbild, zum Pegasus. Die Armenier nennen das Herbstviereck «Weizenfeld». An Septemberabenden kann man es schon

Abb. 14: Das Sommerdreieck steht zu Johanni um Mitternacht hoch im Südosten.

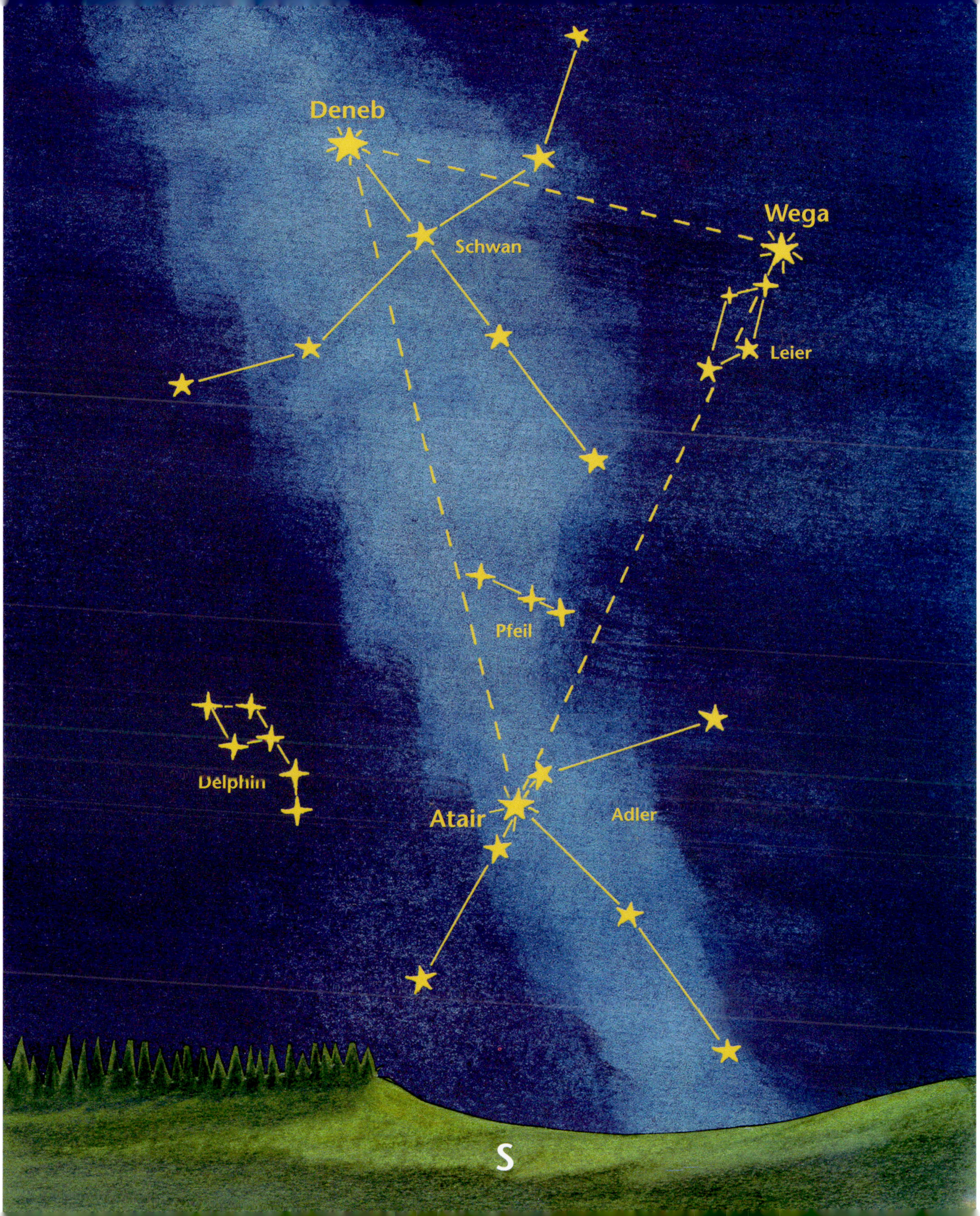
Deneb
Wega
Schwan
Leier
Pfeil
Delphin
Atair
Adler
S

Abb. 15: Das Herbstviereck (mit Andromeda, Kassiopeia und Perseus) steht zur Michaelizeit um Mitternacht im Süden.

östlich aufgehen sehen. Im gleichen Monat gegen Mitternacht kulminiert es, und an den Februarabenden verschwindet es. Der Pegasus ist ein geflügeltes Pferd, das auf dem Kopf steht. Das geschilderte Quadrat ist der Rumpf des Pferdes, oberhalb kann man durch schwache Sternchen gekennzeichnete Beine erkennen und rechts von dem Quadrat den Kopf. Dieses Sternbild steht erstaunlich hoch.

Die beiden oberen Sterne des Quadrates bilden mit vier weiteren Sternen nach links einen leicht geschwungenen Bogen, deren Abstände stetig wachsen. Der letzte Stern gehört zum Perseus. Dazwischen liegen die drei Sterne der Andromeda. Über dem mittleren Andromedastern erkennt man den berühmten Andromedanebel, die einzige mit bloßem Auge erkennbare «Galaxie» der nördlichen Hemisphäre. Es lohnt ein Blick durch den Feldstecher. Der linke obere Quadratstern wird oft zu Andromeda und Pegasus zugleich gezählt. Die Andromeda ist eine Königstochter, die dem Meeresungeheuer (Walfisch) geopfert werden sollte und dazu am Felsen angekettet wurde. Oberhalb von ihr ist Kassiopeia zu finden, ihre Mutter, Kepheus ist ihr Vater. Perseus rettete Andromeda, indem er mit dem Medusenhaupt das Ungeheuer versteinerte.

Der Herbst ist die rechte Zeit, um nach den Fischen und dem Wassermann Ausschau zu halten (Abb. 15). Der Wassermann, ein riesengroßes Bild rechts unterhalb des Herbstviereckes, ist schwer auszumachen. Am besten sucht man den waagrecht liegenden charakteristischen Wellenzug, der von links nach rechts größer wird. An der linken, engen Seite wird der Wasserkübel gesehen, an der rechten, weiteren Seite der ausgestreckte Arm.

Die Fische, links unterhalb des Herbstviereckes, bestehen aus lauter schwachen Sternen. Das gesamte Bild ist jedoch noch größer als der Wassermann. Die beiden Fische sind an den Schwanzflossen zusammengebunden zu denken, der eine zeigt nach oben, der andere nach rechts zum Wassermann hin.

Jetzt erkennt man unter den Fischen den Walfisch mit Mira und unter dem Wassermann den südlichen Fisch mit «Fomalhaut». Fische und Wassermann gehören zum Tierkreis, zwischen ihnen liegt der «Frühlingspunkt». Nachbarn im Tierkreis sind gegen Westen hin der Steinbock und östlich der Widder.

An den Herbstabenden verändert sich der Himmel wenig. Es wird immer früher dunkel, man kann daher früher nach den Sternen sehen; das kompensiert den täglichen Umschwung.

Zirkumpolare Sternbilder

Die Zirkumpolarsterne des Nordhimmels bilden eine Ausnahme unter den Sternen: Sie sind immer zu sehen, jedoch zu verschiedenen Jahreszeiten in verschiedenen Stellungen. Kein Sternbild gehört hier zum Tierkreis. Der Große Wagen fährt an den Dezemberabenden tief über den Nordhorizont (Abb. 1 und 2). In den Märzabenden steht er rechts vom Polarstern mit hängender Deichsel. Hoch oben über unseren Köpfen finden wir ihn abends im Mai und senkrecht nach unten fahrend, links vom Polarstern, im August. Die Bewegung des täglichen Umschwungs wiederholt sich in den Jahreszeiten. Anders ausgedrückt: Der tägliche Umschwung der Sterne ist etwas schneller als der Tag- Nacht-Wechsel.

Es gibt auch einen «Kleinen Wagen». Zu ihm gehört der Polarstern – er ist der letzte Deichselstern, zugleich der hellste des Sternbildes. Weiterhin auffallend sind die beiden Hinterräder in Richtung auf den Großen Wagen zu. Die restlichen Sterne, also die zwei Vorderräder und die Sterne der gebogenen Deichsel, sind sehr schwach. Man nennt das Sternbild auch den «Kleinen Bären», ohne dass es deutliche Ergänzungssterne gibt (Abb. 16).

Dem Knick in der Deichsel des Großen Wagens gegenüber, d.h. etwa gleich weit vom Polarstern entfernt, findet man das Himmels-W oder die «Kassiopeia». Auch dieses Sternbild ist zirkumpolar und gehört zu den bekannteren. Da es wie gesagt dem Großen Bären in etwa gegenübersteht, findet man es an den Adventabenden hoch oben fast im Zenit als M und an Frühsommerabenden tief unten im Norden.

Zwischen dem Großen und dem Kleinen Bären hindurch

Abb. 16 (S. 30): Alle zirkumpolaren Sterne befinden sich in dem gestrichelten Kreis mit dem Polarstern als Mittelpunkt und der Polhöhe als Radius.

Kassiopeia
Deneb
Perseus
Kepheus
Kapella
Polarstern
Drache
Kl. Wagen
Gr. Wagen
N

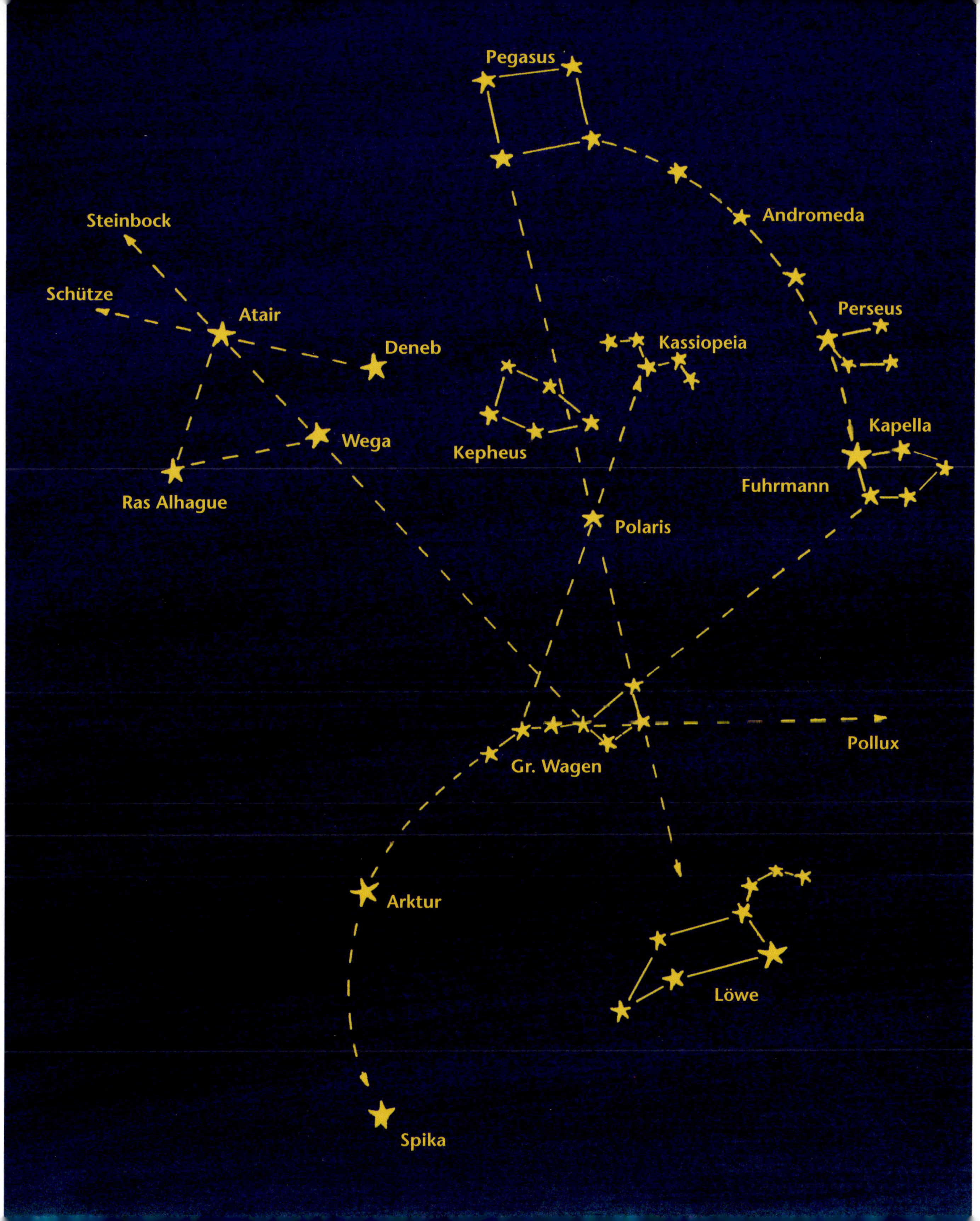
Pegasus
Andromeda
Steinbock
Schütze
Atair
Deneb
Perseus
Kassiopeia
Kepheus
Wega
Kapella
Fuhrmann
Ras Alhague
Polaris
Pollux
Gr. Wagen
Arktur
Löwe
Spika

windet sich eine Kette kleinerer Sterne. Wenn man ihnen entgegen der Drehrichtung folgt, machen sie einen Bogen auf Kassiopeia zu, biegen aber auf halbem Weg scharf nach links ab und enden in einer deutlich sichtbaren Raute. Das ist der Drache, die Raute ist sein Kopf. Der äußerste Stern der Raute ist allerdings offiziell dem Herkules zugeordnet. Dies berücksichtigend, erkennt man am Himmel das gegen Herkules geöffnete Maul des Drachens.

Zwischen dem Knick des Drachens und der Kassiopeia befindet sich ein weiteres zirkumpolares Sternbild, der «Kepheus». Wie bei Kassiopeia fällt es uns schwer, darin eine Menschengestalt zu erkennen. Manche sehen in dem fünfeckigen Gebilde ein viereckiges Haus mit einem Dach darauf. Kassiopeia und Kepheus wurden schon bei den Sternbildern des Herbstes erwähnt.

Es bleibt noch der Raum auf der anderen Seite zwischen Kassiopeia und dem Großen Bären. Hier befindet sich die «Giraffe», ein Sternbild aus sehr schwachen Sternen, die man nur unter besonders guten Bedingungen erkennt. Meistens scheint dieser Raum sternenleer zu sein.

Perseus, der Befreier und Bräutigam der Andromeda, ist in Mitteleuropa nur halb zirkumpolar. Kapella, der Hauptstern des Fuhrmanns, steht auf der Grenze.

Merkregeln für das Finden einiger Sternbilder

Neben dem Auffinden des Polarsterns vom Großen Wagen aus gibt es noch weitere Hilfen für die Orientierung am Sternenhimmel. Einzelne sind schon genannt worden, sie werden hier noch einmal zusammengefasst und ergänzt (Abb. 17).

- Die «Hinterachse» des Großen Wagens, über den Polarstern hinaus verlängert, führt durch das «Kepheus-Haus» zum Pegasus.
- Verlängert man diese Hinterachse in der anderen Richtung, so trifft man auf den Rücken des Löwen.
- Die Vorderachse des Großen Wagens nach oben verlängert leitet über Wega in der Leier zum Atair im Adler.
- Verfolgt man den Bogen, den die Deichsel des Großen Wagens andeutet, so stößt man auf Arktur im Bootes und weiter auf Spika in der Jungfrau.
- Die Oberkante des Großen Wagens zielt von der Deichsel weg auf den Fuhrmann.
- Verlängert man die Deichsel über das diagonale Hinterrad hinaus, so stößt man auf Pollux in den Zwillingen.
- Die Verlängerung der Linie Deichselknick – Polarstern trifft auf die Kassiopeia.
- Diese wird in großzügigem Abstand von einer Sechs-Sternenreihe unterstrichen. Zu ihr gehören Perseus, Andromeda und das Pegasus-Viereck.
- Verlängert man diese Sternenreihe über den Perseus hinaus, so stößt man auf Kapella im Fuhrmann.
- Die Verbindung Deneb – Atair im Sommerdreieck verdoppelt erreicht den Schützen, die Verbindung Wega – Atair weist zum Steinbock.
- Die westliche Seite des Pegasus-Quadrates nach unten verlängert weist auf Fomalhaut im Südlichen Fisch (nur im Herbst zu sehen).
- Der hellste Stern im Schlangenträger bildet mit Wega und Atair ein gleichseitiges Dreieck

Um einen Gesamtüberblick über den aktuellen Sternenhimmel zu bekommen, ist eine drehbare Sternkarte eine große, ja unerlässliche Hilfe. Man kann eine solche käuflich erwerben[6-8] oder auch selbst bauen. Wie das geht, ist am Ende des ersten Teils (Seite 38 ff.) beschrieben.

Beim Vorstellen der Sternbilder wurde auf einige damit verbundene Sternsagen in Kürze hingewiesen. Diese hier ausführlich anzufügen würde den gestellten Rahmen sprengen. Es ist auch nicht nötig, da es gute Sternsagen-Bücher gibt.[10-13]

Abb. 17 (S. 31): Merkregeln zum leichteren Auffinden der wichtigsten Sterne.

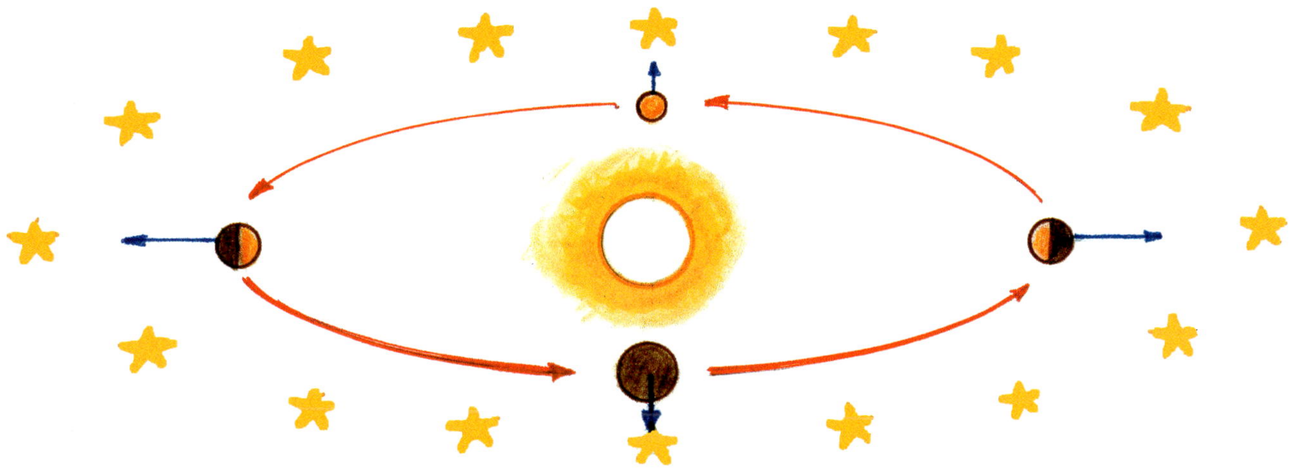

Abb. 18: Der jahreszeitliche Wechsel des Fixsternhimmels kann durch eine jährliche Wanderung der Erde um die Sonne erklärt werden. Die Sterne sind sehr weit weg zu denken. Die blauen Pfeile zeigen in die Blickrichtung irdischer Beobachter um Mitternacht.

Die Erde umkreist die Sonne

Woher stammen aber die jahreszeitlichen Verschiebungen der Sterne? Warum gibt es Winter-, Frühlings-, Sommer- und Herbststernbilder? Um diesen Wechsel zu erklären, muss man in die kopernikanische Perspektive wechseln und eine Wanderung der Erde um die Sonne innerhalb eines Jahres hinzunehmen. In Abbildung 18 zeigen die blauen Pfeile in die mitternächtlichen Blickrichtungen von der Erde aus im Laufe eines Jahres. Zu jeder Jahreszeit sind von den weit entfernten Fixsternen andere zu sehen. Die Drehbewegung läuft gegen den Uhrzeigersinn und stimmt mit der Beobachtung des Sonnenganges im Tierkreis überein. In Verbindung mit der täglichen Rotation der Erde in gleicher Richtung wird verständlich, dass die neu auftauchenden Sterne stets am Morgen zu sehen sind.

Zusammenfassung

Zu allen vier Jahreszeiten sind bestimmte Sternkonfigurationen zu sehen. Es gibt das Wintersechseck, das Frühlingsdreieck, das Sommerdreieck und das Herbstviereck. Allgemein gilt: Jahreszeitlich erscheinen die neuen Sternbilder zunächst am frühen Morgen. Höhepunkt ist die Kulmination um Mitternacht und Sichtbarkeit während der ganzen Nacht. Wenn ein Sternbild abends im Untergang zu sehen ist, verabschiedet es sich für diese Saison. Die Sterne am Morgen sind eine Vorschau für den Sternenhimmel am Abend.

Im Norden sind immer die gleichen Sterne zu sehen, nur in jahreszeitlich verschiedener Lage.

Das Aufreten verschiedener Sternbilder im Verlauf eines Jahres ist durch die jährliche Wanderung der Erde um die Sonne verständlich.

Der Tierkreis

Für den Sternkundigen gibt es einen Kranz von zwölf Sternbildern, die besonders wichtig sind. Er wird «Tierkreis» genannt. Seine Bedeutung für den Astronomen ist so groß, weil alle Wandelsterne, d.h. Sonne, Mond und Planeten, ihn stets als Hintergrund haben. Der gesamte Tierkreis nimmt selbstverständlich am täglichen Umschwung teil. Alle Sternbilder des Tierkreises wurden bei den jahreszeitlichen Himmelsbetrachtungen bereits vorgestellt. Abbildung 19 zeigt den gesamten Tierkreis, innen durch die Symbole als Kürzel, außen durch die Sternbilder dargestellt. Der in sich geschlossene Tierkreis beginnt, wie schon vermerkt, traditionsgemäß beim Widder mit dem darüberstehenden Auge Gottes, das über dem Anfang wacht. Der Tierkreis wird nach links fortschreitend betrachtet, denn in dieser Richtung ziehen die noch zu betrachtenden Wandelsterne.

Man kann den Tierkreis am Himmel nie auf einmal ganz sehen, sondern immer nur die Hälfte, weil er so wie der Himmelsäquator das ganze Himmelsgewölbe umschließt. Man sieht ja auch stets nur die Hälfte aller Sterne, die andere Hälfte ist unter dem Horizont. Der Tierkreis hat eine obere und eine untere Hälfte; die Abbildungen 20 und 21 zeigen diese zwei Teile. Man spricht auch von der Steilstellung und der Flachstellung. Zwischen diesen beiden Stellungen wechselt der Tierkreis täglich. Der Höhenunterschied beträgt immerhin 2 x 23 $^1/_2$ Grad = 47 Grad.

Von der Steilstellung zur Flachstellung oder umgekehrt vergehen je zwölf Stunden. Dazwischen steht der Tierkreis in der Schrägstellung links bzw. rechts (Abb. 22 und 23). Für eine ganze Umdrehung braucht der Tierkreis (fast) 24 Stunden. Dabei macht er wegen des Steil- und Flachliegens eine pulsierende Bewegung. Die Ursache dieses Wechsels ist natürlich der tägliche Umschwung.

Die verbindende Mittellinie des Tierkreises (gelbe Kreislinie) wird «Ekliptik» genannt, sie ist wieder ein Großkreis. Fast genau auf der Ekliptik liegen Regulus (Löwe), Spika (Jungfrau) und der Fuß des oberen Zwillings. Aldebaran (Stier) liegt etwas unterhalb der Ekliptik, ebenso Antares (Skorpion). Man bedenke, dass die hohen Sternbilder des Tierkreises (Stier und Zwillinge) im Nordosten auf- und im Nordwesten untergehen, die niedrigen Sternbilder (Skorpion und Schütze) gehen dagegen im Südosten auf und im Südwesten unter. Eine Hilfe zur besseren Vorstellung der Bewegungen des Tierkreises sind die drehbaren Magnetscheiben des Verfassers.[9]

Der Himmelsäquator (roter Kreis) ist für den Tierkreis die ruhende Mitte, er teilt ihn in die obere und die untere Hälfte. Man spricht auch von der nördlichen (oberen) und der südlichen (unteren) Hälfte des Tierkreises. Die nördliche geht von den Fischen bis zum Löwen, die südliche von der Jungfrau bis zum Wassermann. Zwischen Wassermann und den Fischen liegt der Frühlingspunkt, zwischen Löwen und Jungfrau der Herbstpunkt. Diese beiden besonderen Stellen im Tierkreis sind also die Schnittpunkte zwischen der Ekliptik und dem Himmelsäquator. Beide werden im Zusammenhang mit der Sonne noch genauer erläutert.

Im Tierkreis sind vier besonders helle Sterne, welche die alten Perser als «Königssterne» kannten, kreuzförmig verteilt: Aldebaran im Stier, Regulus im Löwen, Antares im Skorpion und Fomalhaut unter dem Wassermann. Auf alten Abbildungen christlicher Herkunft erkennt man die vier Evangelisten, von jeweils einem geflügelten Wesen inspiriert, das im Zusammenhang mit dem Tierkreis steht: Lukas vom Stier, Markus vom Löwen, Johannes von einem Adler (anstelle des Skorpions), Matthäus von einem Engel aus der Wassermann-Region. Diese Beziehungen haben tiefere Hintergründe, die hier nicht erörtert werden können.

Es fällt ein gewisser Rhythmus im Tierkreis auf: Nach zwei großen Sternbildern folgt stets ein kleines, unscheinbares.

Zusammenfassung

Im Tierkreis sind die wandernden Gestirne Sonne, Mond und Planeten zu finden. Der Tierkreis besteht aus zwölf Sternbildern und umschließt das ganze Himmelsgewölbe. Es ist jeweils nur eine Hälfte des Tierkreises zu sehen. Seine Mittellinie ist die Ekliptik. Diese verläuft zur einen Hälfte über dem Himmelsäquator und zur anderen darunter. Durch den täglichen Umschwung wechselt die Steilstellung des Tierkreises mit der Flachstellung ab, er pulsiert.

Abb. 19: Der Tierkreis (außen die Sternbilder, innen die Symbole).

Jungfrau
Löwe
Regulus
Krebs
Zwillinge
Waage
Skorpion
Antares
Schütze
Aldebaran
Stier
Steinbock
Fomalhaut
Wassermann
Fische
Widder

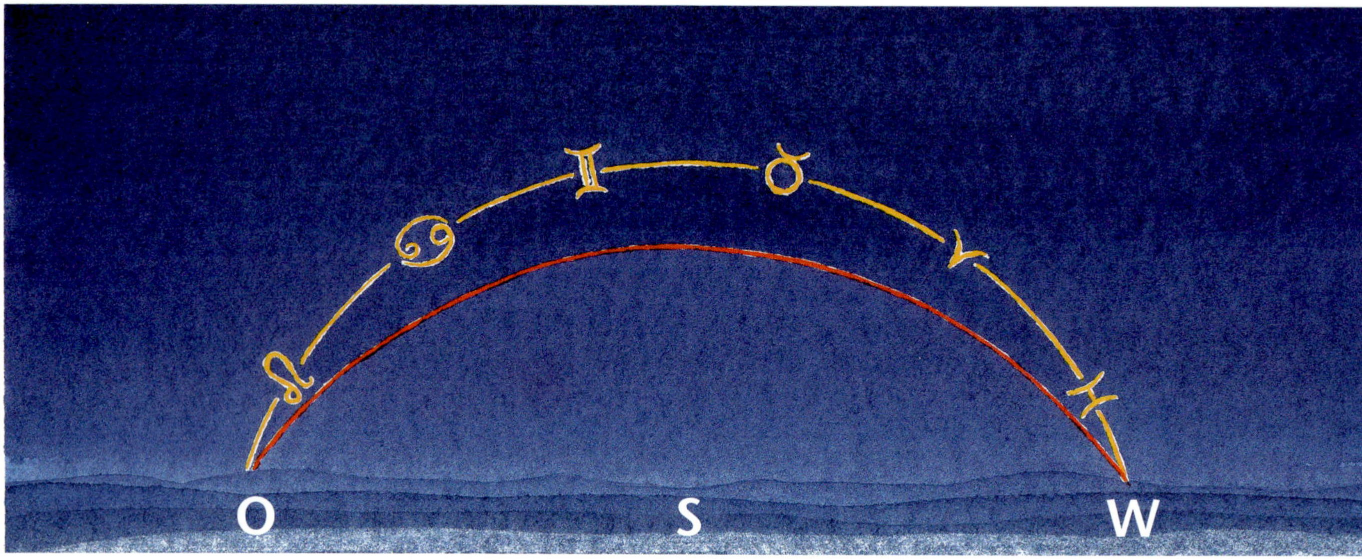

Abb. 20: Steilstellung des Tierkreises (Weihnachten um Mitternacht, Ostern am Abend, Johanni am Mittag, Michaeli am Morgen).

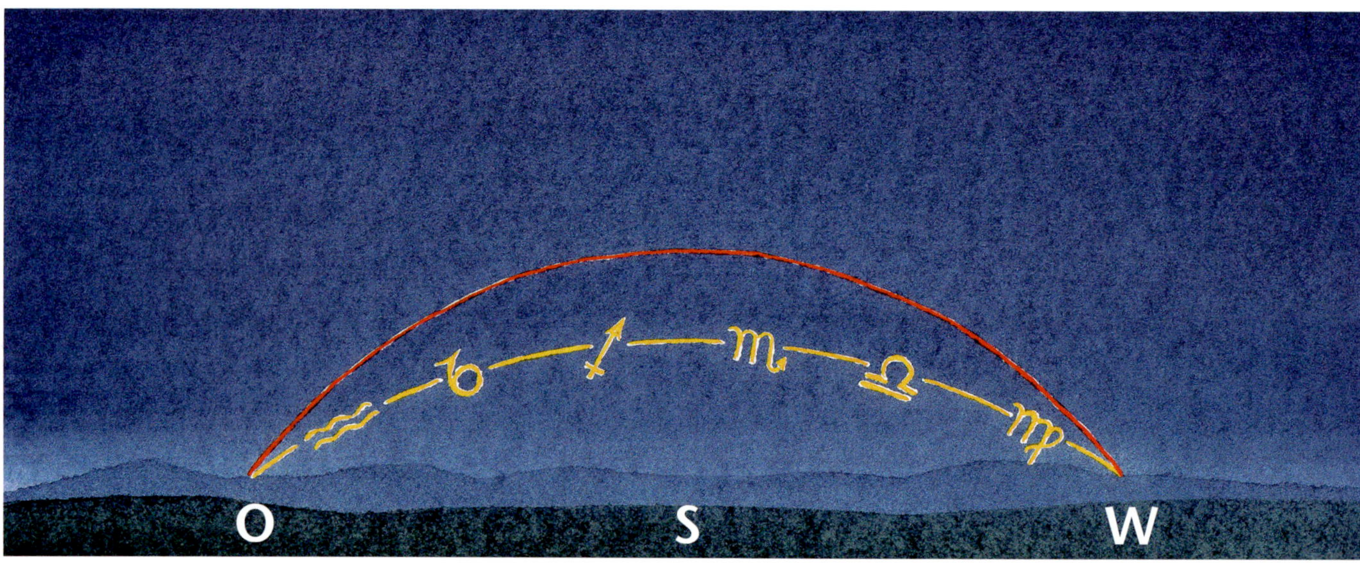

Abb. 21: Flachstellung des Tierkreises (Johanni um Mitternacht, Michaeli am Abend, Weihnachten am Mittag, Ostern am Morgen).

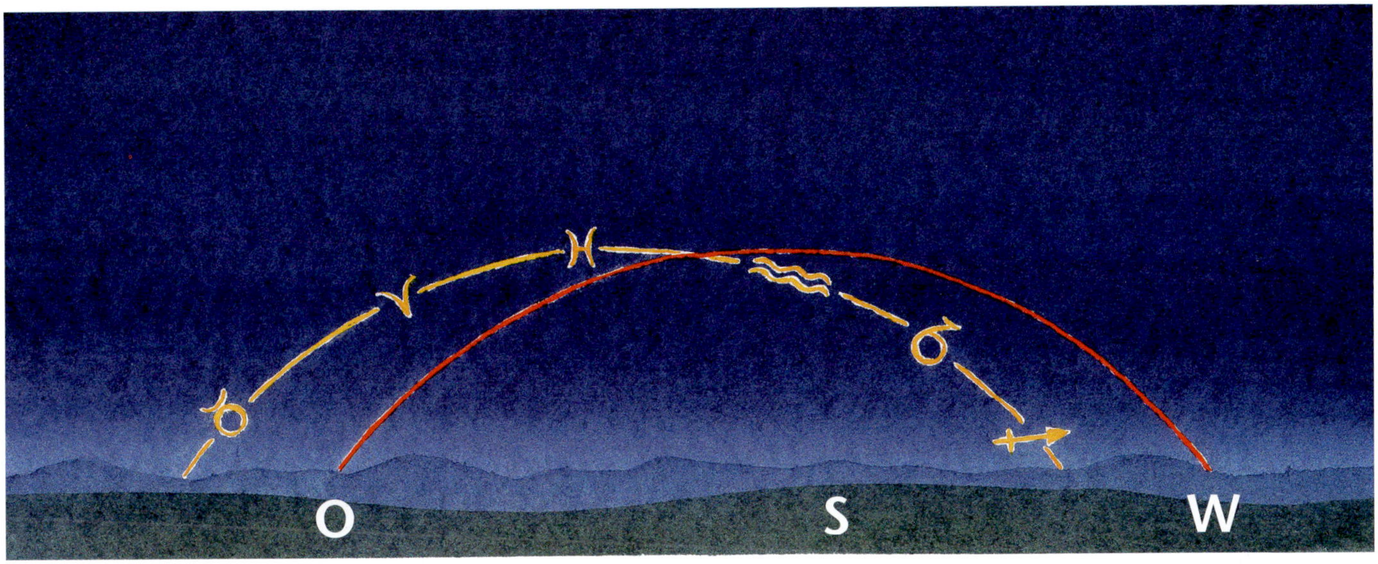

Abb. 22: Tierkreis in Schrägstellung links (Michaeli um Mitternacht, Weihnachten am Abend, Ostern am Mittag, Johanni am Morgen).

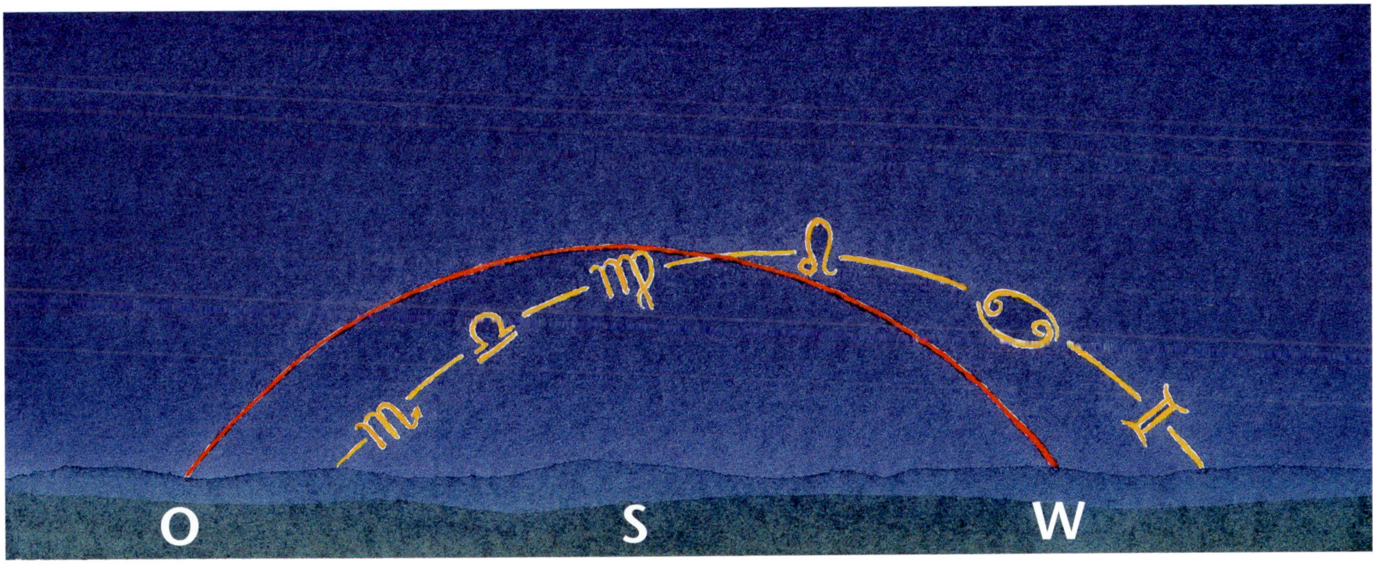

Abb. 23: Tierkreis in Schrägstellung rechts (Ostern um Mitternacht, Johanni am Abend, Michaeli am Mittag, Weihnachten am Morgen).

Die Milchstraße

Die Milchstraße bildet, ähnlich wie der Tierkreis, ein Band um das ganze Himmelsgewölbe. Das zarte Gebilde ist nur am wirklich klaren Nachthimmel zu sehen. Beim Blick durch ein Teleskop erkennt man, dass die Milchstraße aus lauter winzig kleinen, eng beieinander stehenden Sternchen aufgebaut ist. Es sind so viele, dass man leicht jedem Menschen auf der Erde eines zuordnen könnte. Die Sterne der Milchstraße gehören zu den Fixsternen und beteiligen sich am täglichen Umschwung. Die Lage der Milchstraße ändert sich im Tages- und im Jahreslauf.

Die Milchstraße nimmt unter den Sternbildern den folgenden Verlauf: Sie geht zwischen Sirius und Prokyon in den beiden Hunden hindurch, ebenso zwischen Orion und den Zwillingen, die mit den Füßen bereits in der Milchstraße stehen. An Kapella im Fuhrmann geht sie knapp vorbei, durch Perseus und Kassiopeia hindurch, ebenso durch den Schwan und den Adler zum Schützen und Skorpion.

Die Sternzeit

Außer der «bürgerlichen Zeit», nach der wir uns gewöhnlich richten, kennen die Astronomen die «Sternzeit». Diese Zeit ist nicht nach der Sonne ausgerichtet, sondern nach den Sternen. In jeder Sternwarte gibt es für die Astronomen eine die Sternzeit anzeigende Uhr. Sie zeigt die augenblickliche Stellung der Sterne an, gleichgültig, ob es Tag oder Nacht ist. Schließlich sind auch am Tag die Sterne da, wir sehen sie bloß nicht. Null Uhr Sternzeit ist, wenn der Frühlingspunkt den Meridian überquert. Der Tierkreis steht dann in Schrägstellung links. Weil der Frühlingspunkt am Himmel nicht auffällig ist, kann man sich ungefähr am Großen Wagen gegenüber orientieren. Um 0 h Sternzeit steht der Große Wagen unten. Um 6 h Sternzeit steht er rechts vom Polarstern, um 12 h ist er in der Höchststellung, und um 18 h Sternzeit steht er links vom Polarstern. Um 24 h Sternzeit ist der Große Wagen wieder unten angekommen. Mehr hierzu bei der Sonne auf Seite 48.

Bau einer drehbaren Sternkarte

Zum Bau einer drehbaren Sternkarte müssen zunächst die beiden Abbildungen 26 und 27 kopiert werden, am besten vergrößert. Die kopierte Sternkarte klebt man auf einen mittelstarken Karton und schneidet sie ringsum aus. Beim Deckblatt muss zusätzlich das ovale Fenster ausgeschnitten werden. Anschließend klebt man eine Klarsichtfolie darunter. Wer keine solche Folie zu Hause findet, kann sie in einem besseren Papiergeschäft besorgen (0,2 oder 0,3 mm stark). Anschließend wird die Folie am Rand ringsum abgeschnitten.

Nun legt man beide Scheiben konzentrisch aufeinander (Kontrolle: Verbindung N–S und O–W gehen durch die Kartenmitte?) und durchbohrt sie z.B. mit einer spitzen Schere im gekennzeichneten Mittelpunkt. Anschließend werden sie mit einer «Musterbeutelklammer» (Abb. 24) zusammengehalten. Fertig ist die Sternkarte (Abb. 25).

Anwendung

Um den augenblicklichen Stand der Sterne einzustellen, dreht man die Sternkarte so, dass die augenblickliche Tageszeit mit dem Datum des Tages zur Deckung kommt. Zwischenzeiten können abgeschätzt werden. Im Fenster sind dann die über dem Horizont stehenden Sterne zu sehen, die untergegangenen sind abgedeckt. Die Sternkarte muss so gehalten werden, dass z.B. das «N» vor uns liegt, wenn wir nach Norden schauen. Entsprechendes gilt für die anderen Blickrichtungen. Diese Sternkarte kann in allen mittleren nördlichen geografischen Breiten verwendet werden.

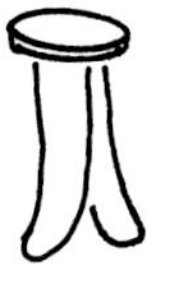

Abb. 24: Eine Musterbeutelklammer.

Der Vollständigkeit halber sei hier angefügt, dass die Fixsterne doch nicht ganz genau an ihrem Platz bleiben. Wenn man alte Sternkarten ernst nimmt, muss man annehmen, dass die Sternbilder zu früheren Zeiten anders aussahen als heute. In fernen späteren Zeiten werden sie wieder anders aussehen. Die Fixsterne bewegen sich also doch untereinander, aber äußerst langsam. In einem Menschenleben ist praktisch keine Änderung festzustellen. Eine gedruckte Sternkarte ist sehr viel länger gültig, als sie haltbar ist.

Abb. 25: Die fertige Sternkarte, auf Silvester, Mitternacht, eingestellt.

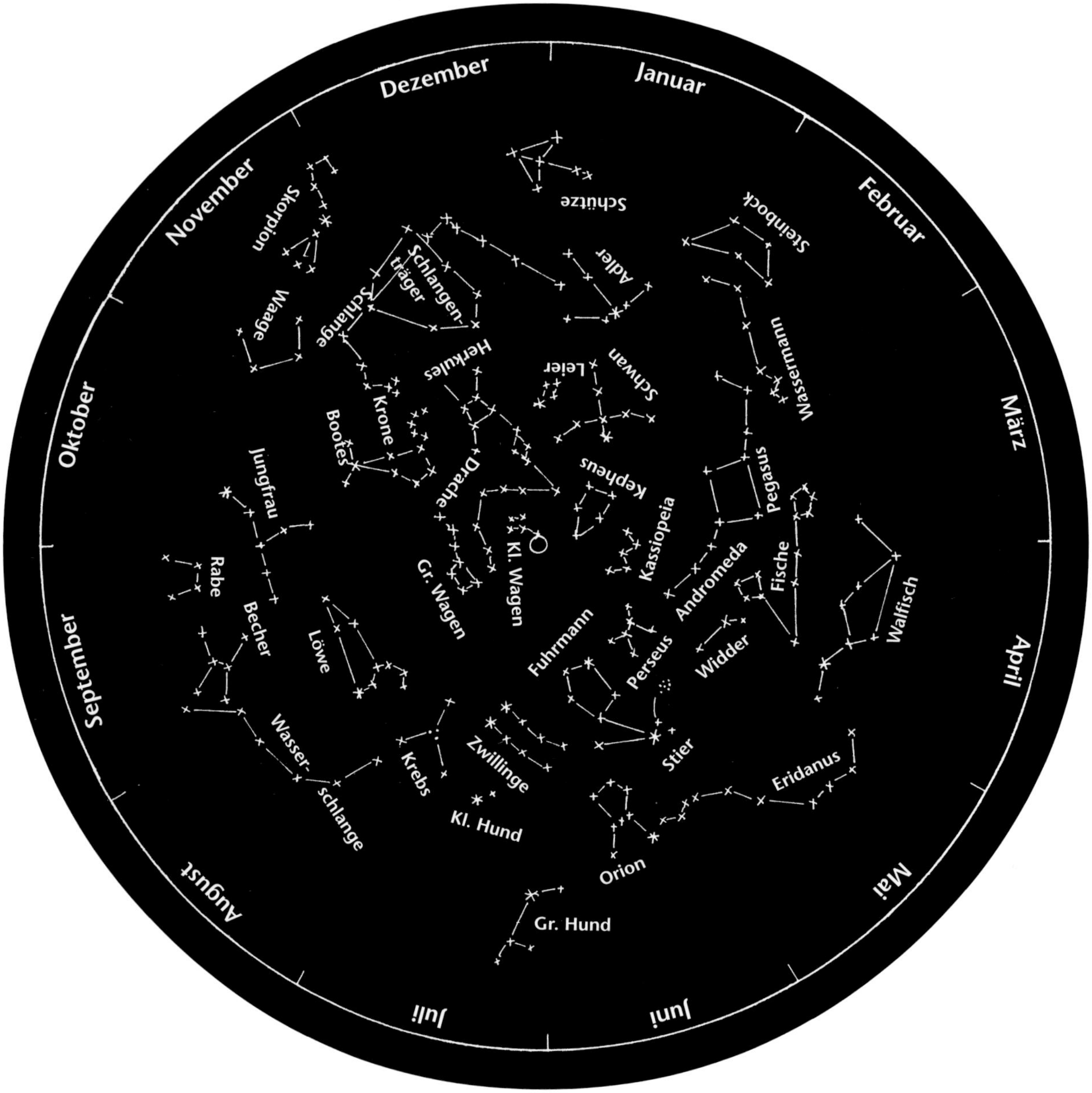

Abb. 26: Unterer Teil der Sternkarte

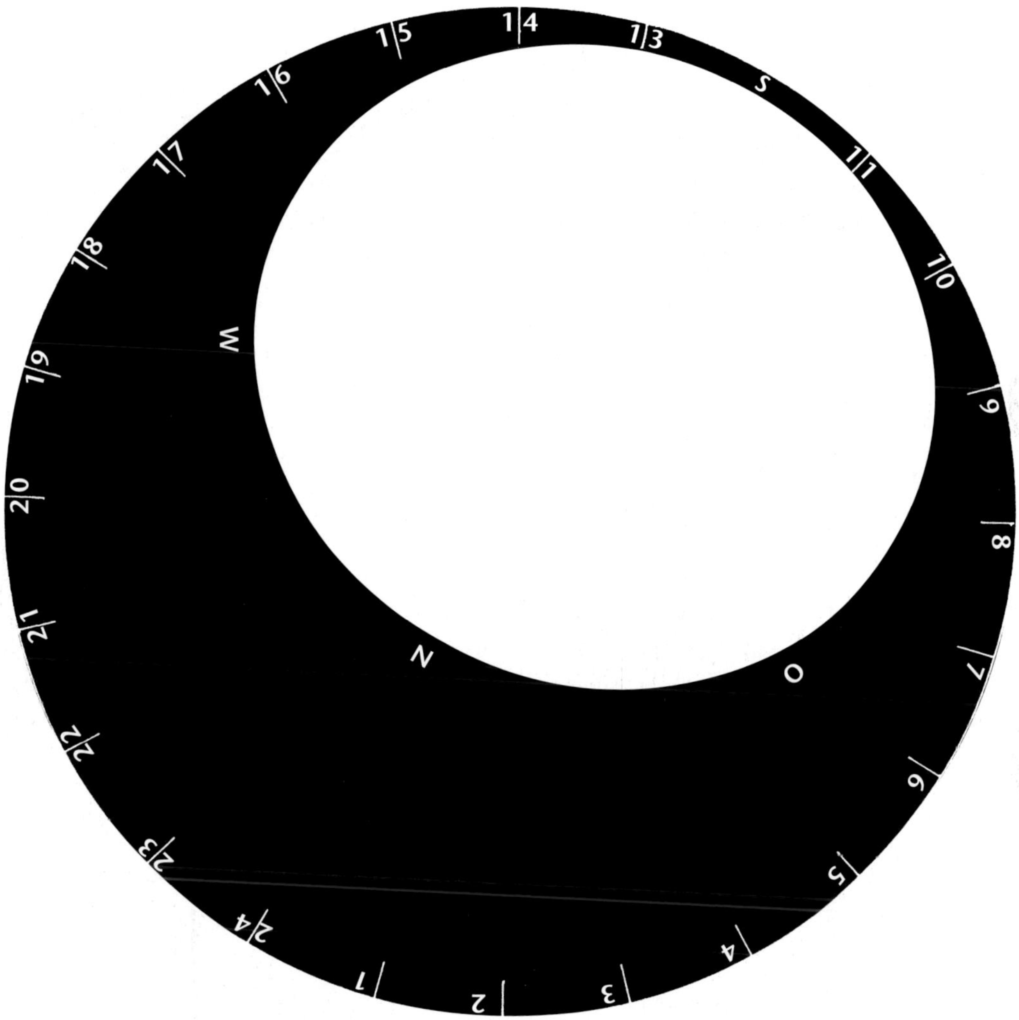

Abb. 27: Oberer Teil der Sternkarte

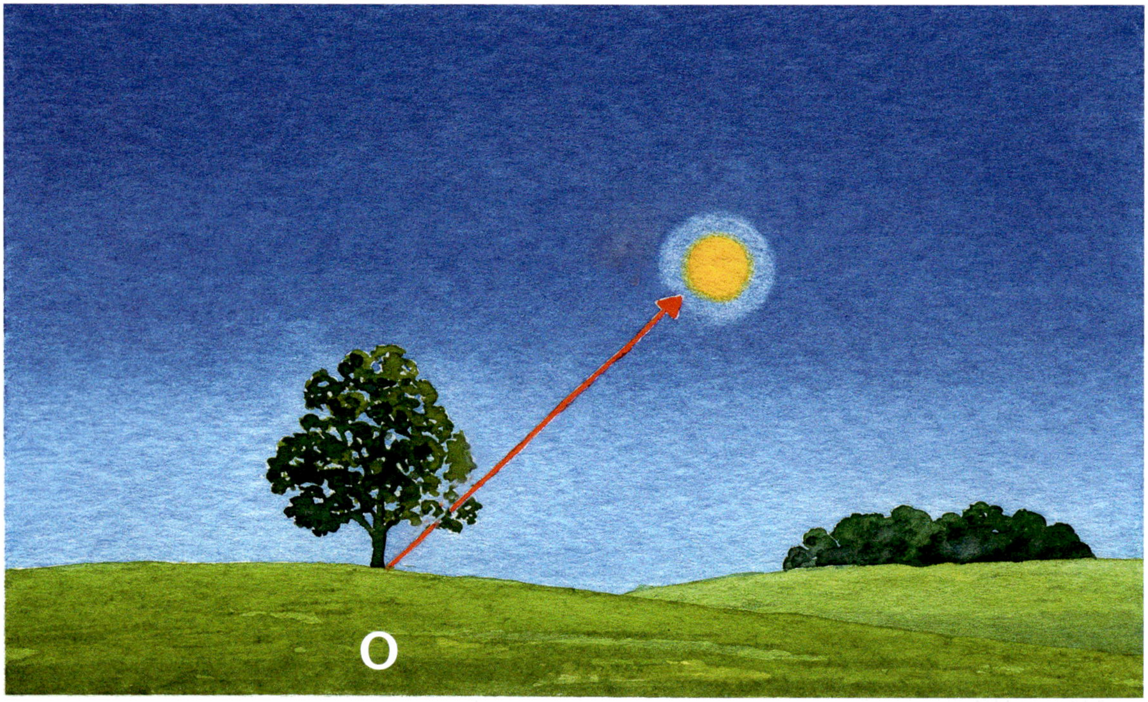

Abb. 28: Die Sonne geht am Morgen in östlicher Richtung auf und zieht schräg gegen Süden geneigt weiter.

Abb. 29: Die Sonne geht am Abend von Süden kommend schräg in westlicher Richtung unter.

Zweiter Teil: Die Sonne

Bisher haben wir uns mit den Fixsternen beschäftigt. Sie behalten ihre Stellung untereinander bei; der tägliche Umschwung ist ihre einzige Bewegung am Himmel. Jetzt wollen wir uns mit den großen Himmelslichtern beschäftigen, insbesondere der Sonne. Ihr verdanken wir das Tageslicht, die Wärme, das Pflanzenwachstum, die Farben in der Natur. Sie beteiligt sich natürlich auch am täglichen Umschwung. Die Astronomen nennen sie den nächsten Fixstern.

Hinaufgeschaut! – Der Berge Gipfelriesen
Verkünden schon die feierlichste Stunde;
Sie dürfen früh des ewigen Lichts genießen,
Das später sich zu uns hernieder wendet.
Jetzt zu der Alpe grüngesenkten Wiesen
Wird neuer Glanz und Deutlichkeit gespendet,
Und stufenweis herab ist es gelungen; –
Sie tritt hervor! – und leider schon geblendet,
Kehr ich mich weg, vom Augenschmerz durchdrungen.

Goethe, Faust II

Der Tageslauf der Sonne

Die Morgendämmerung lässt von Osten her die Sterne verblassen. Die Sonne kündigt sich durch einen farbigen Schein am Horizont an und geht prächtig in östlicher Gegend auf. Sie erhebt sich jedoch nicht senkrecht, sondern wandert wie die Sterne auf einer schräg nach Süden ansteigenden Bahn weiter (Abb. 28). Das können wir wegen des hellen Glanzes nicht so gut wie bei den Sternen beobachten. Es lässt sich aber das Wandern des Schattens in entgegengesetzter Richtung bequem feststellen.

Zur Mittagszeit, also um 12 Uhr, steht die Sonne ziemlich hoch im Süden in der Mitte ihres Tagesbogens von Ost nach West. Sie «kulminiert», den Meridian überschreitend wie die Sterne. Die Sonne steigt, von links kommend, zum Kulminationspunkt an und zieht dann nach rechts absinkend weiter. Während Sterne zu allen Tages- und Nachtzeiten kulminieren, ist bei der Kulmination der Sonne natürlich immer Mittag. Wir verdanken ihr die Tageszeiten.

Dem Aufgang Entsprechendes geschieht am Abend. Die Sonne trifft schräg von Süden kommend den westlichen Horizont und geht in rötlichen bis goldenen Farben glühend unter (Abb. 29). Es folgt die Dämmerungszeit, die ersten Sterne sind zu sehen, dann mehrere, und schließlich ist die Nacht hereingesunken.

So weit die reinen Phänomene. In der geschilderten Art erleben wir den täglichen Gang unseres «Muttergestirns», der Sonne. Wir nennen ihn den «täglichen Umschwung». Alle zwei Minuten schiebt sich die Sonne um ihren Durchmesser weiter. In der Nacht haben wir sie uns im Norden unter dem Horizont vorzustellen.

Jeden Tag zieht die Sonne über den Himmel. In östlicher Gegend geht sie auf, in westlicher unter. Die Schatten machen die entgegengesetzte Bewegung, sie zeigen morgens nach Westen, am Mittag sind sie kurz und zeigen nach Norden, abends dann nach Osten. Ein Sonnenaufgang – vom ersten Aufblitzen eines Strahles bis zu dem Moment, wo das ganze Rund zu sehen ist – dauert in Mitteleuropa etwa 2 $^3/_4$ Minuten, der Untergang ebenso lange.

Der Jahreslauf der Sonne

Bei der Sonne kommt im Vergleich zu den Sternen neu hinzu, dass sie ihren Gang über den Himmel mit den Jahreszeiten ändert, d.h. ihre Bahn ausdehnt und zusammenzieht. Dieser Wechsel soll näher betrachtet werden.

Abb. 30: Tagesbogen der Frühlings- oder Herbstsonne. Aufgang um 6 h, Untergang um 18 h im Ost- bzw. im Westpunkt. Tagundnachtgleiche.

Abb. 31: Tagesbogen der Wintersonne. Aufgang um 8 h, südlich vom Ostpunkt, Untergang um 16 h südlich vom Westpunkt.

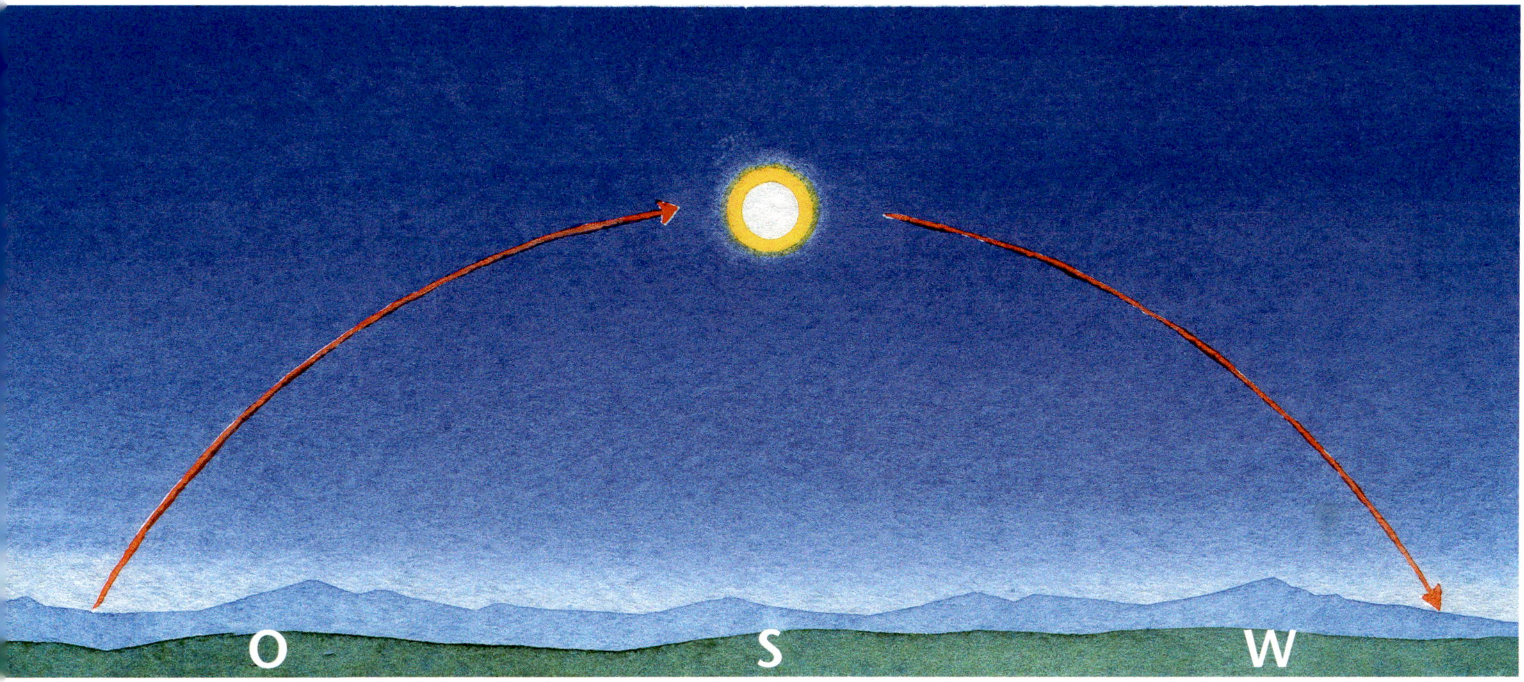

Abb. 32: Tagesbogen der Sommersonne. Aufgang um 4 h nördlich vom Ostpunkt, Untergang um 20 h nördlich vom Westpunkt.

Abb. 33: Nur zur Tagundnachtgleiche geht die Sonne genau im Osten auf. Im Winter liegt der Aufgangspunkt weiter südlich, im Sommer weiter nördlich.

Ein Frühlings- oder Herbsttag: In Bezug auf den Sonnenlauf gleichen sich der Frühlingsanfang am 21. März und der Herbstanfang am 23. September vollkommen: Die Sonne geht genau im Osten auf und genau im Westen unter. Der Aufgang findet um 6 Uhr morgens statt und der Untergang um 6 Uhr abends, also um 18 Uhr. Zwölf Stunden dauert der Tag, zwölf Stunden die Nacht. Man spricht von den Tagundnachtgleichen oder von den «Äquinoktien» (Abb. 30).

Ein Wintertag: Die Sonne geht zum astronomischen Winteranfang, am 21. Dezember, erst gegen 8 Uhr rechts, d.h. südlich vom Ostpunkt auf. Sie kulminiert mittags niedrig im Süden, die Schatten sind relativ lang. Gegen 16 Uhr geht sie bereits links, d.h. südlich vom Westpunkt wieder unter (Abb. 31). Nur acht Stunden waren für den kurzen Weg nötig, die restlichen sechzehn Stunden sind der Nacht vorbehalten.

Ein Sommertag: Die Sonne geht zum astronomischen Sommeranfang, am 21. Juni, frühmorgens gegen 4 Uhr links, d.h. nördlich vom Ostpunkt auf. Sie kulminiert im Süden wesentlich höher, als wir sie im Winter erlebten. Die Schatten fallen entsprechend kürzer aus. Spät am Abend gegen 20 Uhr geht sie rechts, d.h. nördlich vom Westpunkt unter. Sechzehn Stunden braucht die Sonne für ihren weiten Tageslauf, nur acht Stunden bleiben für die Nacht übrig (Abb. 32).

Die Stelle des Sonnenaufgangs am Horizont bewegt sich im Laufe eines Jahres, sie pendelt um den Ostpunkt. In Abbildung 33 sind die Sonnenaufgänge im Verlauf eines Jahres dargestellt. Die Verschiebung beträgt zweimal 36°, also insgesamt 72°. Ganz entsprechend ist auf der anderen Seite ein Pendeln der Sonnenuntergangsstelle um den Westpunkt zu beobachten.

Die Sonne im Tierkreis

Die eben charakterisierten Tagesbahnen der Sonne am Himmel kennen wir schon von der Bewegung der Fixsterne her. Wir können sie auch zusammen in eine Zeichnung eintragen (Abb. 34). Zur Erinnerung: Auf der mittleren Bahn von Osten nach Westen bewegt sich ein Stern, der auf dem Himmelsäquator steht, also z.B. der oberste Stern des Jakobsstabes im Orion. Diese Bahn ist identisch mit dem Himmelsäquator. Auf einer höheren Bahn bewegen sich Sterne der nördlichen Hemisphäre, z.B. Beteigeuze, der linke Schulterstern des Orion. Auf tieferen Bahnen bewegen sich Sterne der südlichen Hemisphäre, z.B. Rigel, der rechte Fußstern des Orion (Abb. 3). Allerdings entfernt sich die Sonne um 23 $^1/_2$° vom Himmelsäquator, das ist mehr als doppelt so weit wie die eben als Beispiele angeführten Sterne des Orion.

Aus diesen Beobachtungen können wir schließen, dass die Sonne nicht immer an der gleichen Stelle unter den Fixsternen steht. Sie benützt zu verschiedenen Jahreszeiten beim täglichen Umschwung die Bahnen verschiedener Fixsterne. Im Sommerhalbjahr zieht sie Bahnen oberhalb, im Winterhalbjahr unterhalb des Himmelsäquators, und nur während der Äquinoktien liegt ihre Bahn auf dem Himmelsäquator selbst. Die meisten Tagesbahnen der Sonne verlaufen in einem Abstand zum Himmelsäquator, also «parallel» zu ihm. Zur Erinnerung: Nur der Himmelsäquator ist ein Großkreis. Die auf Abbildung 34 außen größer gezeichnete Sonnenbahn ist auf dem Himmelsgewölbe ein kleinerer Kreis, von dem man aber ein größeres Stück sieht.

Nun könnte man annehmen, die Sonne würde an einer Stelle des Himmelsgewölbes auf- und absteigen, sozusagen pendeln. Nimmt man aber den jahreszeitlichen Wechsel des Fixsternhimmels dazu, so kommt man zu dem Schluss, dass diese Vorstellung nicht stimmen kann. Wir könnten in diesem Fall einen bestimmten Teil des Sternenhimmels nie sehen, er wäre stets von der Sonne überstrahlt.

Die Sonne wandert im Laufe eines Jahres durch einen Kranz von Sternbildern. Diesen Kranz kennen wir schon, es handelt sich um den «Tierkreis». Tatsächlich zieht die Sonne jeden Monat um eines von den zwölf Sternbildern im Tierkreis weiter. Das geschieht in östlicher Richtung, also nach links, entgegen dem täglichen Umschwung. Die Sonne macht die Tagesbahn jenes Tierkreisbildes mit, in dem sie gerade zu Gast ist. Das Weiterwandern der Sonne kann nur indirekt beobachtet werden, denn sie überstrahlt mit ihrem Licht die Sterne in ihrer Umgebung. Eine Ausnahme besteht während einer Sonnenfinsternis (davon später). Der Tierkreis ist für die Astrono-

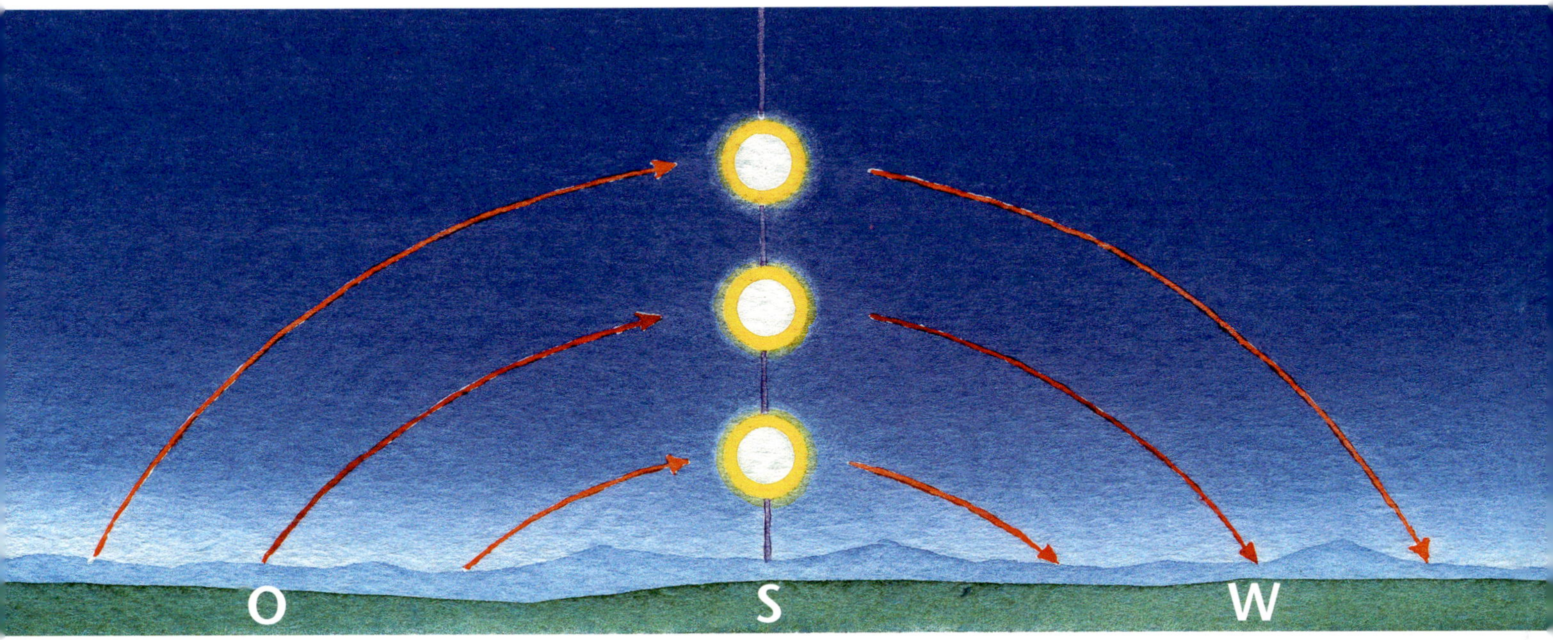

Abb. 34: Die täglichen Sonnenbahnen im jahreszeitlichen Wechsel. Die mittlere Bahn ist zugleich der Himmelsäquator.

men auch deswegen von so großer Bedeutung, weil die Sonne sich immer irgendwo in ihm befindet, niemals außerhalb.

Um Mitternacht kulminiert diejenige Stelle des Tierkreises im Süden, die genau gegenüber der Sonne liegt. Daher können wir uns indirekt ein Bild von der Wanderung der Sonne machen, indem wir monatlich feststellen, welches Sternbild des Tierkreises um Mitternacht kulminiert. An dieser Stelle stand die Sonne vor einem halben Jahr, und ein halbes Jahr später wird sie wieder dort stehen.

Die Jahresbahn der Sonne durch den Tierkreis ist die schon erwähnte Ekliptik, die «Mittellinie». Der Tierkreis beteiligt sich, wie wir wissen, am täglichen Umschwung und nimmt die Sonne mit. Er liegt schräg zum Himmelsäquator. Der Neigungswinkel beträgt 23 $^1/_2$ Grad. Die eine Hälfte des Tierkreises liegt über dem Himmelsäquator, und die andere darunter. Daher steht die Sonne wegen ihres Ganges durch den Tierkreis ein halbes Jahr über dem Himmelsäquator und ein halbes Jahr darunter. Im täglichen Umschwung macht sie folglich zeitweise hohe Tagesbögen und dann wieder niedrige.

Damit die Sache ganz klar wird: Die Sonne macht am Himmel gleichzeitig zwei Bewegungen, die entgegengesetzt gerichtet sind. Der schnellere tägliche Umschwung führt sie mit dem Hintergrund-Sternbild nach rechts, nach Westen, doch bleibt sie dabei täglich um etwa zwei Sonnendurchmesser (ein Grad) zurück. Die Sonne geht also in Bezug auf die Sternbilder ein wenig nach links, nach Osten. Diese zweite Bewegung der Sonne ist nicht direkt wahrnehmbar, aber sie ist die Ursache der Jahreszeiten.

Die Sonne steht, wie erwähnt, ein halbes Jahr über und ein halbes Jahr unter dem Himmelsäquator. Dies hat die hohen Bögen im Sommer und die niedrigen im Winter zur Folge. Eine Besonderheit ist die mittlere Sonnenbahn, die zweimal im Jahr beschrieben wird, am 21. März und am 23. September. Das sind die Tage, an denen sie aufsteigend bzw. absteigend den Himmelsäquator überquert.

Diese Kreuzungspunkte von Himmelsäquator und Ekliptik haben die Namen «Frühlingspunkt» bzw. «Herbstpunkt» bekommen. Die Sonnenbahn liegt an diesen zwei Tagen im Himmelsäquator: Die Sonne geht genau im Osten auf und genau im Westen unter; sie beschreibt einen Großkreis, in dessen Mitte wir stehen. Diese Tage sind die kalendermäßigen Anfänge der beiden Jahreszeiten.

Nur einmal im Jahr beschreibt die Sonne die äußerste und höchste Bahn: am 21. Juni, zur Sommersonnenwende. Ebenso ist sie nur einmal im Jahr auf der innersten und niedrigsten Bahn zu finden, am 21. Dezember zur Wintersonnenwende. Diese zwei Tage gelten als die kalendermäßigen Anfänge von Sommer und Winter.

Zwischen der Winter- und der Sommersonnenwende ist die Sonne aufsteigend, zwischen der Sommer- und der Wintersonnenwende absteigend. Das Aufsteigen der Sonne bedeutet: Die Tage werden länger, die Nächte kürzer, erst zaghaft, um den Frühlingsanfang am kräftigsten, vor dem Höchststand wieder zögernd. Das Absteigen der Sonne bedeutet: Die Tage werden kürzer, die Nächte länger, um den Herbstanfang am deutlichsten. Wenn also zwischen Tageslänge und Nachtlänge ein Ausgleich geschaffen ist, d. h. wenn Tag und Nacht gleich lang sind (zu den Äquinoktien), haben wir die kräftigsten Änderungen in der Tages- und Nachtdauer: um täglich vier Minuten. Andererseits haben wir in der Nähe der beiden Sonnenwenden über längere Zeit hinweg kaum Änderungen in den Tages- und Nachtlängen. Diese Zeiten sind die «Solstitien». Man kann den Sonnengang zwischen den extremen Lagen als «atmend» empfinden. Die drehbare Tierkreisscheibe[9] kann auch hier eine Hilfe sein.

Weil die Sonne in einem Jahr den Tierkreis durchläuft und dieser zwölf Sternbilder hat, braucht die Sonne durchschnittlich (die Sternbilder sind verschieden groß) einen Monat, um ein Sternbild zu durchlaufen. Der Frühlingspunkt liegt zwischen dem Wassermann und den Fischen, der Herbstpunkt zwischen dem Löwen und der Jungfrau, der sommerliche Höchstpunkt zwischen Stier und Zwillingen und der winterliche Tiefpunkt zwischen dem Skorpion und dem Schützen.

Durch das Wandern der Sonne im Tierkreis gegen den täglichen Umschwung bleibt die Sonne gegenüber den Sternen täglich etwas zurück. Sie ist erst vier Minuten nach ihnen so weit wie am Tag zuvor. Ein Umlauf der Sterne dauert also vier Minuten weniger lang als ein Umlauf der Sonne. Um diese täglichen vier Minuten differiert die Sternzeit der Astronomen von der bürgerlichen, für uns maßgeblichen Sonnenzeit.

Zusammenfassung

Die Sonne bewegt sich am Himmel auf zweifache Art. Sie nimmt erstens am täglichen Umschwung der Sterne teil. Diese Bewegung ist verhältnismäßig rasch – ein Umschwung ist nach 24 Stunden vollendet. Die Bewegungsrichtung ist von Ost nach West, also im Uhrzeigersinn, nach rechts gerichtet.

Die zweite Bewegung ist viel langsamer und geht andersherum, also gegen den Uhrzeiger, von Westen nach Osten, nach links. Bei dieser Bewegung dauert ein Umlauf ein Jahr, er findet im Tierkreis statt. Weil der Tierkreis halb über und halb unter dem Himmelsäquator liegt, macht die Sonne zeitweise große und zeitweise kleine Tagesbögen. Vom Schützen bis zum Stier steigt die Sonne auf, von den Zwillingen bis zum Skorpion steigt sie ab. In der Mitte ihres Aufstiegs geht sie durch den Frühlingspunkt, mitten im Abstieg durch den Herbstpunkt.

Anders ausgedrückt: Die Tageszeiten entstehen durch den täglichen Umschwung der Sonne, die Jahreszeiten durch das Weiterrücken der Sonne im 23 $^1/_2$ Grad schräg zum Himmelsäquator liegenden Tierkreis.

Das kopernikanische Weltsystem

Ein außerirdisch gedachter Standpunkt hat uns schon beim Verstehen des täglichen Umschwungs weitergeholfen: Wir erkannten aus dieser gedachten Warte die Rotation der Erdkugel. Es liegt daher nahe, auch für das Verständnis des Sonnengangs diesen Standpunkt gedanklich einzunehmen.

Die Sonne beleuchtet stets nur eine Seite der Erdkugel – das ist die Tagseite. Die Nachtseite ist die entgegengesetz-

Abb. 35: *Die Erde von der Nachtseite aus gesehen, die Sonne steht hinter ihr. Links der Sonnenuntergang, rechts der Sonnenaufgang, zwölf Stunden später.*

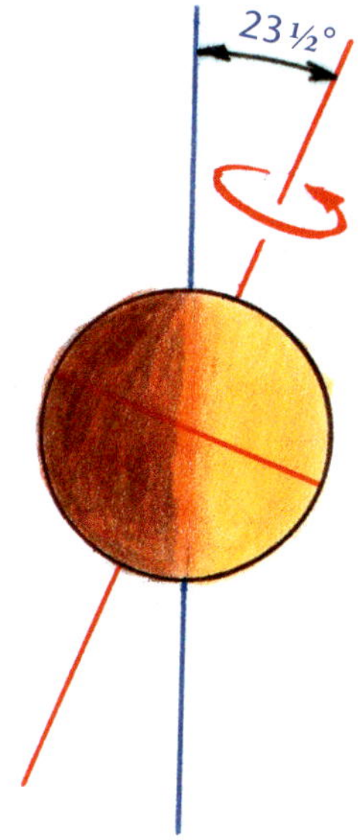

Abb. 36: Die Erdachse ist um 23,5° geneigt, weit rechts steht die Sonne.

te Seite der Erde; sie wird nicht von der Sonne beleuchtet, sie liegt im Sonnenschatten. Durch die Drehung der Erde wechseln die Lichtverhältnisse in den sich mitdrehenden Landschaften im Tag-Nacht-Rhythmus:

> «Und schnell und unbegreiflich schnelle
> Dreht sich umher der Erde Pracht;
> Es wechselt Paradieseshelle
> Mit tiefer, schauervoller Nacht;
> Es schäumt das Meer in breiten Flüssen
> Am tiefen Grund der Felsen auf,
> Und Fels und Meer wird fortgerissen
> In ewig schnellem Sphärenlauf.»

So beschreibt es Goethe im «Prolog im Himmel» zu seinem *Faust*.

Wenn wir uns in diese Vorstellung hineinversetzen, wird es verständlich, dass wir beim Betrachten eines Sonnenunterganges durch die Drehung der Erde rückwärts in deren von der Sonne unbeleuchtete Hälfte «hineinfahren». Wer in die westlich untergehende Sonne blickt, «fährt» sozusagen rückwärts in die Nacht. Durch die stete Rotation der Erde gelangen wir in den Schattenbereich. Wir können die Sonne dann nicht mehr sehen, weil die Erde die Sicht zu ihr verdeckt – sie ist eben «untergegangen» (Abb. 35).

Ähnlich ist der Sachverhalt bei Sonnenaufgang: Wir «fahren» durch die Drehung unserer Erde mit der ganzen uns umgebenden Landschaft der Sonne entgegen. Sobald der Mensch durch die Erdrotation «um die Ecke» kommt, sieht er die Sonne und sagt, sie gehe gerade auf. Er erblickt die Sonne in östlicher Richtung und ist bald geblendet (Abb. 35).

Wenn die Erde sich nicht drehen und der Sonne immer die gleiche Seite zuwenden würde, könnte ein Teil der Menschen stets im Sonnenschein wandeln, ein anderer Teil müsste dauernde Dunkelheit ertragen, und ein kleiner dritter würde in stetem Zwielicht wohnen. Die Erde dreht sich aber, daher vollenden wir alle 24 Stunden eine große Reise durch die Tag- und die Nachtseite, ohne den Ort auf

Abb. 37: Situation an einem Wintermittag auf mittlerer nördlicher Breite: niedriger Sonnenstand. Lila: Bahn des Menschen mit der Erde durch deren Drehung: nur kurz im Sonnenlicht.

der Erde zu wechseln. Wir wohnen gleichsam auf einem riesengroßen Karussell. Sonne und Sterne scheinen beim Blick nach Süden von links nach rechts zu wandern, weil unser «Erdkarussell» sich von rechts nach links dreht.

Als Lehrer ist mir wiederholt passiert, dass ein kleiner Naseweis mich korrigierte: «Aber in Wirklichkeit geht doch die Sonne gar nicht auf, sondern die Erde dreht sich.» In solchen Fällen antwortete ich gerne so: «Das ist schon richtig, aber ich sage lieber ‹Die Sonne geht auf› als umständlich ‹Die Erde hat sich schon so weit gedreht, dass man die Sonne sehen kann›.» (Oder exakter: «Der Sonnenaufgang ist der Zeitpunkt, zu dem die Erdrotation so weit fortgeschritten ist, dass man die Sonne von einem bestimmten Standort auf der Erde aus sehen kann.»)

Nach dem Verständnis von Tag und Nacht wenden wir uns den Jahreszeiten zu. Diese werden verständlich, wenn wir eine Neigung der Erdachse annehmen. Sie beträgt 23 $^1/_2$° gegenüber einer Senkrechten zur Erdbahn- oder Ekliptikebene (Abb. 36). Dieser Winkel ist der gleiche wie der maximale Abstand der Sonne über bzw. unter dem Himmelsäquator.

Der niedrige und kurze Bogen der Sonnenbahn im Winter ist durch die Neigung der Erdachse von der Sonne weg zu verstehen (Abb. 37). Die Nordhälfte der Erde (oben) ist von der Sonne abgewendet – das bedeutet für Europa Winter. Man sieht die Sonne mittags recht niedrig über den Horizont gehen und erkennt, dass ein Mitteleuropäer nach einer relativ kurzen Tagesstrecke schon am Nachmittag wieder in die unbeschienene Erdhälfte mit der längeren Strecke gelangt.

Der höhere und längere Bogen der Sonnenbahn im Sommer ist durch eine Neigung der Erdachse zur Sonne hin erklärlich. Wie man in Abbildung 38 sieht, ist die Nordhälfte der Erde der Sonne zugewandt – das bedeutet für Europa Sommer; der Mensch muss sich mittags schier zurücklehnen, um zur Sonne sehen zu können. Er gelangt relativ früh am Tag in sonnenbeschienenes Gebiet und bleibt bis zum späteren Abend darin.

In den Abbildungen 37 und 38 scheint die Sonne einmal von links und dann von rechts. Wie kommt die Sonne auf die andere Seite? Nach Kopernikus bewegt sich nicht die Sonne, sondern die Erde. Die Jahreszeiten lassen sich erklä-

Abb. 38: Situation an einem Sommermittag auf mittlerer nördlicher Breite: hoher Sonnenstand. Lila: Bahn des Menschen mit der Erde durch deren Drehung: lang im Sonnenlicht.

ren, wenn man eine stete Wanderung der Erde in einem Jahr um die ruhende Sonne annimmt. Es besteht also ein Zeitunterschied von einem halben Jahr zwischen den beiden Abbildungen. Die Erde hat in dieser Zeit ihre Lage geändert. Die Erdachse liegt schräg und ändert ihre Schräglage während des Wanderns um die Sonne nicht. Die tägliche Drehung der Erde wird dadurch auch nicht beeinträchtigt.

Abbildung 39 stellt eine perspektivische Ansicht des jährlichen Geschehens zwischen Erde und Sonne vom kopernikanischen Standpunkt dar. Die Skizze zeigt die Erde klein hinter der Sonne und wegen der Perspektive größer vor der Sonne. Die jährliche Reise der rotierenden Erde um die stillstehende Sonne in Verbindung mit dem ruhenden Fixsternhimmel ist der Kernpunkt der kopernikanischen Lehre. Die Bahn der Erde ist nicht etwa holprig, sie ist vielmehr glatt und liegt in einer Ebene. Diese Erdbahn-Ebene nennt man die «Ekliptikebene». In ihr, nicht darüber und nicht darunter, liegt auch die Sonne.

Wenn die Erdachse auf der nördlichen Seite zur Sonne hin geneigt ist (in Abb. 39 links), herrscht in Europa Sommer. Umgekehrt ist in Europa Winter, wenn die Achse im Norden (in derselben Abbildung rechts) von der Sonne weg geneigt ist. In der Frühlings- und Herbstzeit steht die Erdachse auch schräg, aber sie ist weder zur Sonne hin geneigt noch von ihr weg, sie steht quer. Daher ist die Erde bezüglich der Beleuchtungsverhältnisse dann in einer ausgeglichenen Lage. Auf der Erde ist die Zeit der Tagundnachtgleichen, der Äquinoktien.

Die Jahreszeiten sind mit dem Gang der Sonne durch den Tierkreis verknüpft. Wir vervollständigen unsere Übersichtsskizze, indem wir außen herum in geeigneter Weise den Tierkreis einzeichnen (Abb. 40). Die Fixsterne, die die Sternbilder des Tierkreises bilden, sind wesentlich weiter außen in verschiedenen Entfernungen vorzustellen. Die Ekliptik als Mittellinie der Tierkreis-Sternbilder liegt in der über die Erdbahn hinaus erweiterten Ebene.

Zur Beachtung: Aus der Ekliptik als Jahresbahn der Sonne durch den Tierkreis ist jetzt die erweiterte Bahnebene der Erde um die Sonne geworden. Das ist kein Widerspruch. Weil wir uns auf der Erde in der Bahnebene selbst befinden, erscheint uns Letztere als eine Linie – wie der Horizont

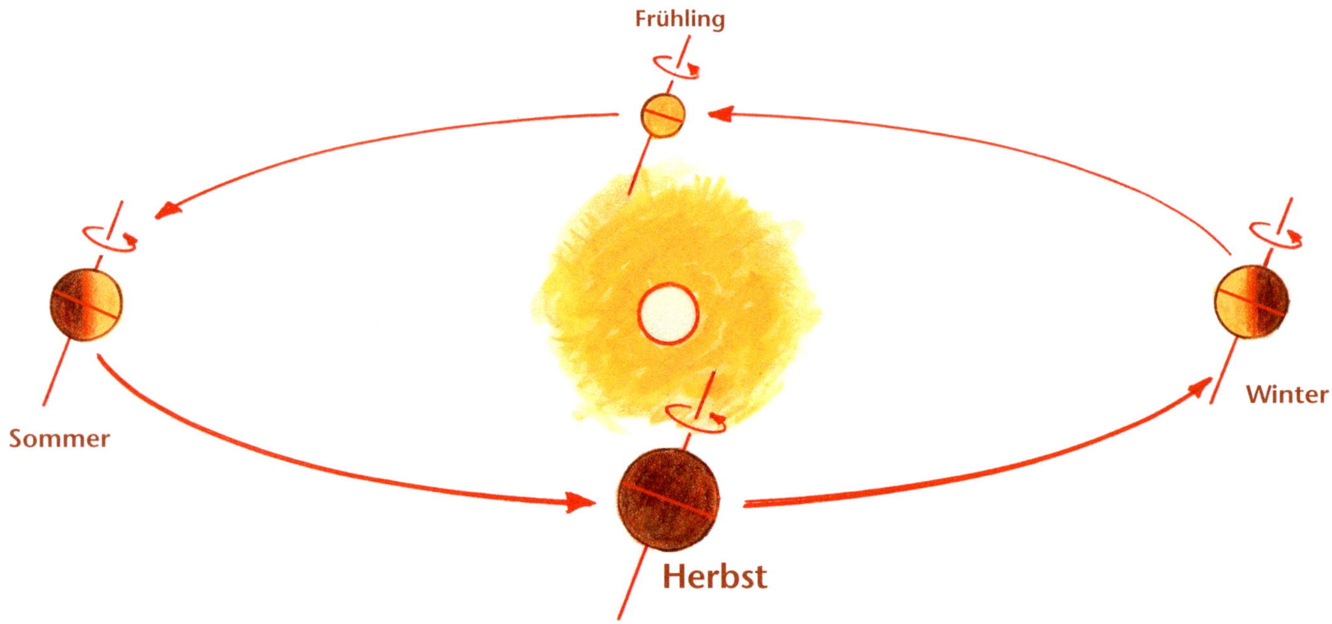

Abb. 39: Kopernikanisches System 1: Die Jahreszeiten entstehen durch die Bewegung der Erde mit schräg stehender Achse um die Sonne.

einer ebenen Landschaft. Die Linie im Tierkreis und die Ebene der Erdbahn sind also eines und dasselbe und tragen den Namen «Ekliptik» bzw. «Ekliptikebene». Weil diese Ebene von großer Bedeutung ist, zeichnet man sie meist waagrecht liegend und die Erdachse geneigt. Auch die Ekliptik hat einen Pol. Er liegt im Knick des Sternbildes Drache. Der Ekliptikpol nimmt am täglichen Umschwung teil.

Links in Abbildung 40 befindet sich die Erde in der Sommerstellung. Von der Erde aus gesehen steht die Sonne zwischen Stier und Zwillingen. Rechts ist die Erde in der Winterstellung. Die Sonne steht von der Erde aus gesehen zwischen Skorpion und Schütze. Hinten finden wir die Frühlingsstellung mit der Sonne zwischen Wassermann und Fischen, vorne ist die Herbstsituation mit der Sonne zwischen Löwe und Jungfrau. Wer die Pfeile für die Bewegung der Erde beachtet, bemerkt: Auch die Laufrichtung der Sonne von der Erde aus gesehen stimmt – die Sonne scheint nach links durch den Tierkreis zu laufen, während die Erde um die Sonne kreist. Damit ist auch der jährliche Gang der Sonne durch den Tierkreis erklärt. Die beiden Bewegungen der Sonne (täglicher Umschwung und Wanderung durch den Tierkreis) stammen, so wissen wir nun, von Bewegungen der Erde: Rotation und Umkreisung der Sonne.

Nun geht die Sache aber nicht ganz auf. Nach den 365 Tagen eines Jahres ist die Erde mit dem Weg um die Sonne noch nicht ganz fertig, sie braucht noch ca. einen viertel Tag oder sechs Stunden länger bis zum gleichen Sternenhintergrund. Daher fügt man alle vier Jahre mit dem 29. Februar einen Schalttag ein. Hätte man keine Schaltjahre, so würde der kalendermäßige Jahresbeginn langsam in den Herbst wandern.

Wir erkennen jetzt, dass diese kopernikanische, modellhafte Vorstellung nicht im Widerspruch zu unseren Beobachtungen steht. Auch die Neigung des Tierkreises gegenüber dem Himmelsäquator um 23 $^{1}/_{2}$ Grad ist nun verständlich. Wir müssen uns nur noch einmal vergegenwärtigen,

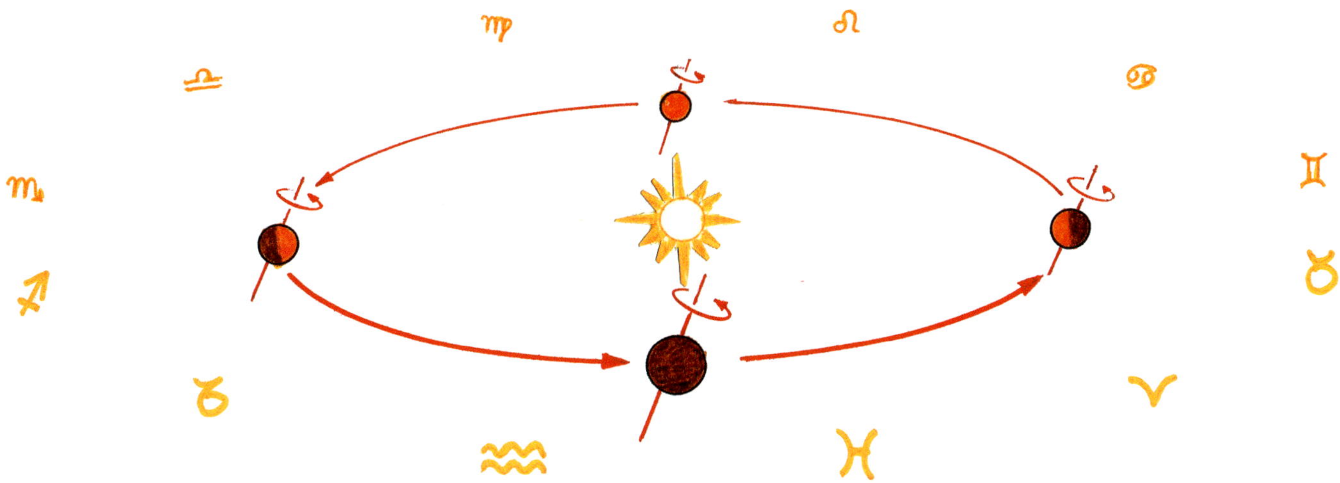

Abb. 40: Kopernikanisches System 2: Weit außen in der erweiterten Erdbahnebene (Ekliptikebene) liegen die Sterne des Tierkreises.

dass der Himmelsäquator der erweiterte Erdäquator ist. So erkennen wir: Die Ekliptikebene liegt zur Hälfte oberhalb und zur anderen Hälfte unterhalb der Äquatorebene oder umgekehrt: Die Äquatorebene liegt zur Hälfte unterhalb und zur anderen Hälfte oberhalb der Ekliptikebene.

Auch die Schräge der Sonnenauf- und -untergänge ist verständlich. Nicht die Sonne hat einen schrägen Gang, sondern unser Horizont liegt schräg zum Sonnengang, wie schon bei den Sternenbahnen gezeigt wurde.

Es ist noch der Unterschied zwischen Sonnen- und Sternenzelt zu klären. Würde die Erde keine Eigenrotation besitzen, so würden für uns Erdenbürger die Sterne stillstehen, keinen täglichen Umschwung mehr zeigen. Durch eine Wanderung der Erde um die Sonne ohne Rotation würde im Laufe eines Jahres trotzdem die Erde nacheinander von allen Seiten beschienen werden. Anders ausgedrückt: Die Sonne würde einen «jährlichen Umschwung» haben. Wie der Leser mithilfe der Abbildung 40 erkennen kann, würde dann an jeder Stelle der Erde die Sonne im Laufe eines Jahres einmal im Westen aufgehen und im Osten untergehen. Die Sonne würde ganz langsam «falsch herum» laufen. Das Ergebnis beider entgegengesetzten Bewegungen zusammen ist, dass der tatsächliche Umschwung der Sonne etwas länger dauert als der der Sterne. Also ist die Sternenzeit etwas schneller als die Sonnenzeit.

Wenn sich die Erde auf einer weiten Bahn um die Sonne bewegt, könnte sich doch die Perspektive der Fixsterne ändern. Die Erde steht schließlich nach einem halben Jahr an einer Stelle im Weltenall, die vom Ausgangspunkt einen doppelten Erdbahnradius entfernt ist. An einigen Sternen ist tatsächlich bei zwei äußerst genauen Messungen, die ein halbes Jahr auseinander liegen, eine kleine Änderung der Position zu bemerken. Diese Verschiebung nennt man die «Parallaxe». Nicht alle Sterne zeigen diese Parallaxe. Man nimmt an, dass diese Erscheinung nur bei den näheren Fixsternen zu beobachten ist, und verwendet die Größe der Parallaxe zur Berechnung der Entfer nungen näherer Fixsterne. Die Erscheinung der Parallaxe ist eine Bestätigung für die Bewegung der Erde um die Sonne. Würde die Sonne um die Erde wandern, so gäbe es auf der ruhenden Erde keine Parallaxen der Sterne.

Zusammenfassung

Das kopernikanische Weltbild besagt: Die sich wie ein Kreisel drehende Erde umrundet in einem Jahr die stillstehende Sonne. Die Erde bewegt sich dabei auf einer ebenen Bahn. Die Sonne befindet sich in der gleichen Ebene. Die Bewegungsrichtung ist von Norden her gesehen wie die Erddrehung gegen den Uhrzeiger gerichtet. Die Sterne des Tierkreises sind in der Erdbahnebene sehr weit draußen vorzustellen. Die Erdbahnebene wird auch «Ekliptikebene» genannt. Die Erdachse ist um 23 $^{1}/_{2}$ Grad geneigt und ändert diese Lage beim Umlauf um die Sonne zunächst nicht. Dadurch entstehen die Jahreszeiten.

Das platonische Weltenjahr

Zum Gang der Sonne durch den Tierkreis kommt noch eine weitere, sehr langsame Bewegung hinzu. Bei genaueren Beobachtungen über längere Zeiten wurde festgestellt, dass die beiden Äquinoktialpunkte, also der Frühlings- und der Herbstpunkt, doch nicht ganz stillstehen. Sie bleiben zwar immer einander gegenüber, aber sie laufen der Sonne entgegengesetzt im Tierkreis um. Dieser Umlauf vollzieht sich äußerst langsam, er dauert fast 26.000 Jahre; man nennt ihn das «platonische Weltenjahr». Demnach hat ein platonischer Weltenmonat rund 2.170 gewöhnliche Jahre. Seit Christi Geburt ist also ein solcher Monat noch nicht ganz vergangen.

Jetzt steht der Frühlingspunkt bekanntlich zwischen den Fischen und dem Wassermann, der Herbstpunkt zwischen der Jungfrau und dem Löwen. Der Frühlingspunkt wandert auf den Wassermann zu, deshalb spricht man davon, dass sich das «Wassermannzeitalter» nähert. Der Herbstpunkt wandert entsprechend in den Löwen hinein. In einem Menschenleben bewegen sich diese beiden Punkte etwa ein Grad (zwei Sonnenbreiten) weiter, nicht mehr. Weil der gesamte Kreis 360 Grad hat, etwa so viel wie das Jahr Tage, kann man also sagen: Ein Menschenleben dauert so lange wie ein Tag im platonischen Weltenjahr.

Bei der Erarbeitung der Jahreszeiten konnten wir diesen Effekt zunächst vernachlässigen. Es wird nach rund 2.170 Jahren (einem Weltenmonat) der Frühlingspunkt den Wassermann durchlaufen haben und vor dem Steinbock stehen. So geht es weiter. – Vor 2.000 Jahren, zu Lebzeiten Christi, trat der Frühlingspunkt in das Sternbild der Fische ein. Die Fische sind ein christliches Zeichen geworden.

Der Mensch atmet in der Minute etwa achtzehnmal. In einer Stunde sind das 1.060 Atemzüge, und während eines Tageslaufes kommt der Mensch auf 25.920 Atemzüge. Diese Zahl liegt nahe an der Anzahl der Jahre im platonischen Weltenjahr. Man kann also festhalten: Die Anzahl der Atemzüge eines Menschen während eines Tageslaufes ist erstaunlich gleich mit der Anzahl der Jahre während eines Umlaufs des Frühlingspunktes durch den Tierkreis. Oder kurz: Ein Jahr entspricht einem Atemzug im platonischen Weltenjahr.

Das menschliche Herz schlägt während eines Atemzuges etwa viermal, in einer Minute also 72mal. In 72 Jahren (etwa mittlere Dauer eines Menscheblebens) rückt der Frühlingspunkt um ein Grad (zwei Sonnendurchmesser) weiter.

Die Wanderung des Frühlingspunktes kann man auch als eine langsame Drehung des Tierkreises in der entgegengesetzten Richtung (also rechtläufig) ansehen. Auch der Tierkreis hat einen «Pol». Dieser liegt in der Beuge des Drachens und ist damit zirkumpolar. Wenn sich aber die Sterne des Tierkreises gegenüber den Äquinoktialpunkten verschieben, wird auch der Polarstern um den Tierkreispol wandern. In fernen Zeiten markiert der Polarstern den Himmelspol nicht mehr.

Im kopernikanischen Weltsystem lässt sich die Wanderung des Frühlings- und Herbstpunktes leicht erklären: Jedes Kind weiß, dass ein sich drehender Kreisel, dessen Achse nicht ganz senkrecht steht, die Richtung des Neigungswinkels langsam verändert. Diese Bewegung nennt man «Präzession».

Die rotierende Erde kann als ein Kreisel mit schräg stehender Achse angesehen werden. Deswegen wird sie auch eine Präzessionsbewegung aufzuweisen haben. Das heißt aber: Die Erdachse behält über längere Zeit gesehen ihre Richtung nicht bei, sie zeigt nicht unentwegt auf den Polarstern. Sie beschreibt im Laufe eines platonischen Weltenjahres einen Doppelkegel (mit 2 x 23 $^1/_2$° Öffnung), dessen Spitze im Erdmittelpunkt liegt (Abb. 41). Nach 13.000 Jahren, also einem halben platonischen Jahr, wird die jetzige Sommerstellung eine Winterstellung sein und umgekehrt.

Der gewählte, weit entfernte Ort im Weltall verschafft einen beachtlichen Überblick. Bedenken wir, welch eine Reise wir im Geist vollbracht haben und auch ohne weiteres bewältigen konnten! Kein Astronaut hat bisher je einen solchen Standort eingenommen. Zum Verständnis der Bewegungsabläufe zwischen Sonne und Erde (auch Mond und Planeten) ist dieser entrückte Standort der günstigste. Dazu gehört die Annahme, dass die Sonne das stillstehende Zentrum und der Sternenhimmel der ruhende Hintergrund ist.

Abb. 41: Die «Präzessionsbewegung» der Erdachse während eines «platonischen Weltenjahrs» auf einem Doppelkegel mit einer Öffnung von 2 x 23,5°.

Zusammenfassung

Beobachtungen über lange Zeiten zeigen eine rückläufige Wanderung des Frühlings- und des Herbstpunktes im Tierkreis. Ein Umlauf dauert ein platonisches Weltenjahr, das sind knapp 26.000 Jahre. Diese Erscheinung ist durch eine langsame, stetige Änderung der Erdachsenrichtung zu verstehen. Der Neigungswinkel von 23 $^1/_2$ Grad wird dabei beibehalten, aber der Polarstern wird nicht ewig den Himmelspol markieren.

Die Astrologen haben Gründe, weshalb sie den Weitergang des Frühligspunktes nicht berücksichtigen. Die astronomischen Sternbilder stimmen daher mit den astrologischen Sternzeichen nicht mehr überein. Die Sternzeichen sind alle gleich groß (30 Grad), sie sind etwa dort geblieben, wo sie zu Christi Zeiten waren. Die Sternbilder sind

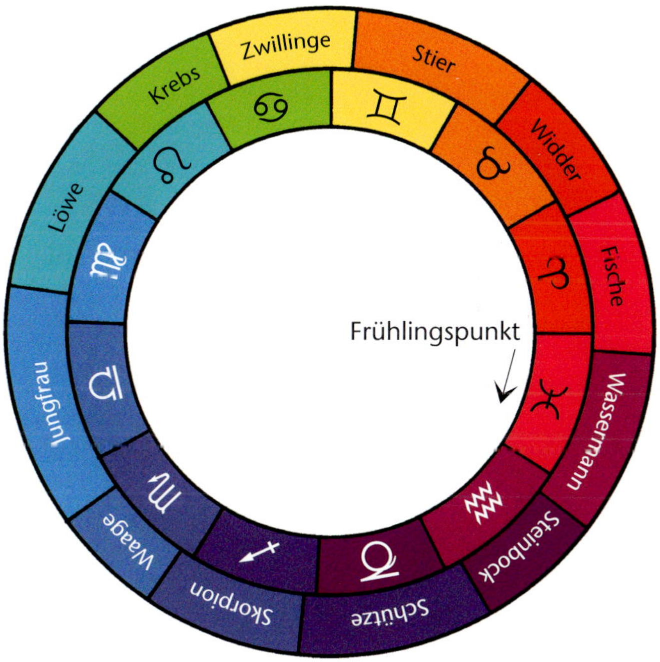

Abb. 42: Vergleich der Sternbilder der Astronomen (außen) mit den Sternzeichen der Astrologen (innen).

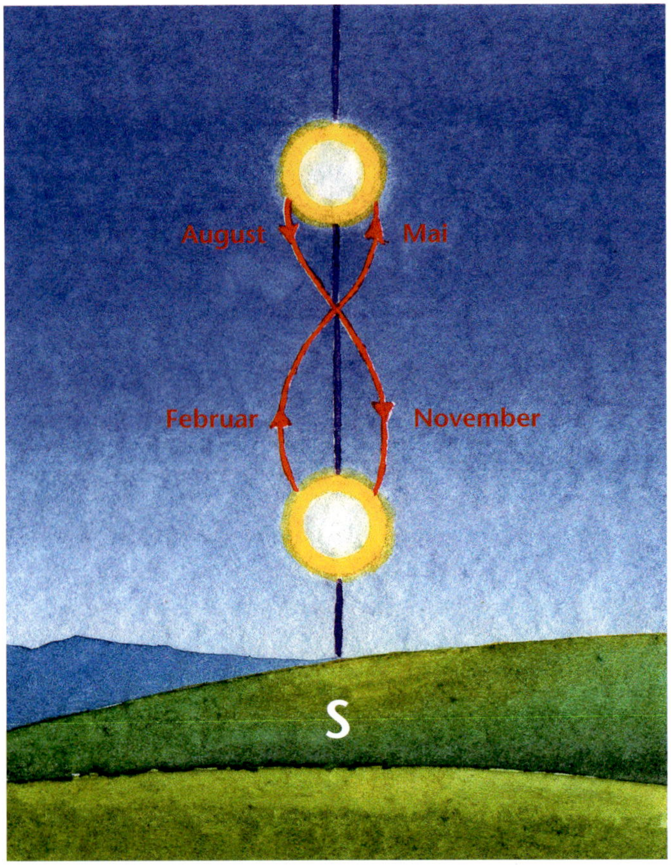

Abb. 43: «Zeitgleichung» der Sonne. Dunkelblau der Meridian, oben die kleinere Sommersonne, unten die größere Wintersonne. Rechts die vorgehende, links die nachgehende Sonne. (Die rote Linie ist seitlich überhöht gezeichnet.)

nicht alle gleich groß und wurden durch die Wanderung des Frühlingspunktes um etwa ein Sternbild verschoben. Abbildung 42 zeigt schematisch die Unterschiede.

Diese Verschiebung hat zur Folge, dass z.B. im Sternzeichen Wassermann geborene Menschen sich wundern, wenn sie erfahren, dass die Sonne an ihrem Geburtstag am Himmel noch im Steinbock steht.

Die Größe der Sonne

Der Verfasser hatte Gelegenheit zu einer wissenschaftlichen Tätigkeit auf dem Sonnenobservatorium Wendelstein (ein Berg in den bayerischen Voralpen nahe Rosenheim). Er hatte die Aufgabe, den Sonnenrand zu beobachten. Dazu benützte er ein Fernrohr, in dem durch eine kleine, kreisförmige Scheibe die Sonne selbst abgedeckt wurde, um nicht geblendet zu werden. Diese Scheibe sollte in der Größe genau passen. Im Laufe eines Jahres musste sie öfter durch eine etwas größere bzw. eine etwas kleinere ausgewechselt werden. Der Grund dazu war eine feine Größenänderung der Sonne im Jahreslauf. Im Winter ist die Sonne größer, im Sommer kleiner. Der Unterschied beträgt nur 3,5 Prozent und ist ohne geeignete Geräte nicht wahrnehmbar. Diese scheinbar nebensächliche Beobachtung benötigen wir, um die «Keplerschen Gesetze» zu verstehen.

Nebenbei sei erwähnt, dass das genannte Sonnenobservatorium 1983 aufgegeben wurde. Der Grund war die Luftverschmutzung. Zu den angedeuteten Beobachtungen am Sonnenrand ist eine ganz klare Luft Voraussetzung. In den 50er Jahren konnte man mit etwa hundert solchen klaren Tagen im Jahr rechnen, Anfang der 80er Jahre waren es nur noch zehn. Die Luftverschmutzung hatte sich also in 1840 m Meereshöhe so deutlich bemerkbar gemacht, dass man dort die Sonnenbeobachtungen aufgab.

Die Sonnenuhr

Aus dem Stand der Sonne kann man die Tageszeit abschätzen. Genauer gelingt das mit einem Stab, dessen Schatten wir auf ein Zifferblatt fallen lassen. Die Kombination eines schattenwerfenden Stabs und eines Zifferblatts ist eine Sonnenuhr; man nennt sie auch «Gnomon». Eine Sonnenuhr kann auf sehr verschiede Weisen realisiert werden. Der Astro Media Verlag[1] liefert einige verschiedene Bausätze für Sonnenuhren.

Vergleicht man die Zeit, die eine Sonnenuhr anzeigt, mit der Anzeige einer gewöhnlichen Uhr, so bemerkt man, dass die Sonnenuhr im Jahreslauf teilweise bis zu etwa einer Viertelstunde vorgeht (im Mai und im November) bzw. nachgeht (im Februar und im August). Aus dem Vor- und Nachgehen der Sonnenuhren kann man auf ein verschieden schnelles Vorankommen der Sonne im Tierkreis schließen.

Würde jemand ein Jahr lang die Sonne täglich Punkt zwölf Uhr normaler Zeit mit einem fest montierten Apparat auf die gleiche «Platte» fotografieren, bekäme er eine schmale, stehende Acht am Himmel (Abb. 43). Der Wechsel von niedrigem zu hohem Sonnenstand und zurück ist bereits bekannt. Neu ist jedoch die Abweichung der Sonne um 12 Uhr vom Meridian nach rechts, d.h. nach Westen (Vorgehen der Sonne), und nach links, d.h. nach Osten (Nachgehen der Sonne). Die Kurve zeigt die «Zeitgleichung». Auf das Zifferblatt einer Sonnenuhr zeichnet das Ende des Stabs eine ähn-liche Kurve.

Außer der scheinbaren Größenveränderung der Sonne beobachtet man also auch eine Änderung ihrer Geschwindigkeit im Tierkreis. Es besteht ein Zusammenhang zwischen diesen rhythmischen Veränderungen: Die größere Wintersonne bewegt sich schneller, die kleinere Sommersonne langsamer.

Die «wahre Ortszeit» richtet sich nicht nach den mechanischen oder elektrischen Uhren, sondern nach der Sonnenuhr. Bei ihr ist Mittag, wenn die Sonne durch den Meridian geht.

Wir sehen die Sonne am Himmel mit etwa $^1/_2$° Durchmesser, und der Tierkreis misst ringsum wie jeder andere Kreis 360°, also etwa so viel, wie das Jahr Tage hat. An einem Tag mit der dazugehörigen Nacht kommt die Sonne im Tierkreis 1° weiter, also doppelt so weit, als ihr Durchmesser beträgt. Man kann auch sagen: Jeden Tag zieht sie um einen Durchmesser weiter, ebenso jede Nacht. Sonnenuhren zeigen aber gewisse Abweichungen von der Regelmäßigkeit an.

Die keplerschen Gesetze

Um die nötige Übersicht zu erhalten, begeben wir uns wieder auf den kopernikanischen Standpunkt.

Das Größer- und Kleinerwerden der Sonne kann erklärt werden, wenn man annimmt, dass die Erde sich nicht auf einem exakten Kreis um die Sonne bewegt, sondern auf einer Ellipse. Diese Ellipse ist allerdings fast ein Kreis, daher fiel

Abb. 44: Die elliptische Bahn der Erde um die Sonne ist übertrieben gezeichnet. Rechts die Erde langsam im Aphel, links die Erde schnell im Perihel. Nach Kepler sind die roten Flächen gleich groß.

die leichte Elliptizität lange nicht auf. In dem einen Brennpunkt steht die Sonne. Die Erde hat in ihrem elliptischen Jahreslauf um die Sonne in der Winterstellung einen kleineren und in der Sommerstellung einen größeren Abstand von ihr. Daher erscheint der Sonnendurchmesser von der Erde aus gesehen in den verschiedenen Jahreszeiten verschieden groß (Abb. 44). Die wahre Größe der Sonne ändert sich nicht. Wenn die Erde am weitesten von der Sonne entfernt ist, sagt man: Die Sonne steht im «Aphel»; wenn die Erde der Sonne am nächsten ist, sagt man: Sie steht im «Perihel».

Kopernikanisch gesehen ist also nicht die Sonne schneller und langsamer, sondern die Erde – im Aphel (Sonnenferne) ist sie langsamer, im Perihel (Sonnennähe) ist sie schneller. Nach jahrelangen Berechnungen (ohne Computer !) konnte Johannes Kepler den Sachverhalt noch genauer beschreiben: Die Verbindungslinie zwischen Sonne und Erde überstreicht in gleichen Zeiten gleiche Flächen (Abb. 44). So muss die Geschwindigkeit der Erde in Sonnennähe größer und in Sonnenferne geringer sein. Dies entspricht den Beobachtungen. An der Entstehung der Zeitgleichungskurve haben noch weitere Erscheinungen Anteil, die hier übergangen werden können.

Abb. 45: Aufsteigender Erdschatten mit Vollmond. Foto: Martin Rietze.

Zusammenfassung

Die ersten zwei keplerschen Gesetze lassen sich so formulieren:

1. Die Erde beschreibt um die Sonne eine Ellipse, in deren einem Brennpunkt die Sonne steht.
2. Die Verbindungslinie zwischen Sonne und Erde überstreicht in gleichen Zeiträumen gleiche Flächen.

Daraus folgt: Im Sommer erscheint uns die Sonne etwas kleiner und langsamer, im Winter etwas größer und schneller.

Der Erdschatten

An Schönwetterabenden kann man gelegentlich die folgende Beobachtung machen: Beim Blick nach Osten, die eben untergegangene Sonne im Rücken, erscheint knapp über dem Horizont eine relativ scharfe, waagrecht verlaufende Grenze am Himmel. Sie trennt unteres dunkles Blau von oberen rötlichen Tönen (Abb. 45). Diese Grenze steigt langsam höher. Die Höhe der Grenze im Osten zeigt an, wie weit die Sonne im Westen bereits unter den Horizont gesunken ist. Allmählich verliert sich die Erscheinung in den dunkelnden Nachthimmel hinein. Eine ganz entsprechende Beobachtung können Frühaufsteher vor Sonnenaufgang am Westhorizont erleben.

So wie der Stab der Sonnenuhr wirft jeder Gegenstand im Sonnenlicht seinen Schatten, auch die Erde. Einen Schatten kann man erst dann sehen, wenn etwas da ist, das ihn auffängt. Dazu genügt schon der Dunst der Erde. Die unteren Dunstschichten geraten kurz nach Sonnenuntergang in den Schattenraum der Erde und werden dadurch dunkel, blau gefärbt. Die höheren Schichten empfangen noch das Sonnenlicht und werden dadurch heller und rötlich gefärbt. So ist das oben geschilderte Phänomen zu verstehen.

Der Erdschatten kann auch den Mond treffen, dann gibt es eine Mondfinsternis (diese wird im Kapitel über den Mond beschrieben).

Sonnenflecken

Großaufnahmen der Sonne zeigen uns ein weiteres Sonnenphänomen: Die Sonne hat Flecken, einmal mehr, ein andermal weniger; es sind kleinere oder größere, selten gibt es gar keine. Sie treten einzeln oder in Gruppen auf (Abb. 46). Bei Sonnenuntergang wird das Licht durch Dunstschichten manchmal so weit abgeschwächt, dass man ohne Gefahr für die Augen in die rote Sonne schauen kann. Größere Sonnenfleckengruppen sind dann, falls vorhanden, mit dem bloßen Auge zu sehen. Man kann natürlich auch eine «Sonnen-Sicht-Brille» (bekannt von der Sonnenfinsternis 1999, von Astro Media[1] zu beziehen) verwenden und damit jederzeit in die Sonne sehen. Alle elf Jahre sind viele große Sonnenflecken zu erwarten. Das Jahr 2000 war ein Jahr mit einem Sonnenfleckenmaximum.

Auch zur Beobachtung dieses Phänomens ist wieder ein Feldstecher angebracht. Auf keinen Fall darf man jedoch mit dem Feldstecher in die Sonne sehen, die Augen wären dann für immer verdorben, auch schon bei einem kurzen Blick! Zum Schutz der Augen beim Blick durch einen Feldstecher genügt die oben genannte Brille nicht. Die großen Objektivgläser des Feldstechers lassen wesentlich mehr Licht hindurch als unsere Pupillen im Auge. Vielmehr muss man eine Spezialfolie (bei Astro Media[1] erhältlich), die nur ein Millionstel des Lichtes hindurchlässt, vor den Objektiven (den großen Linsen) des Feldstechers sicher befestigen. So ausgerüstet kann man nach den dunklen Flecken auf der Sonne Ausschau halten. Astro Media[1] liefert auch einen «Sonnen-Projektor», der zur gefahrlosen Beobachtung der Sonnenflecken sehr zu empfehlen ist.

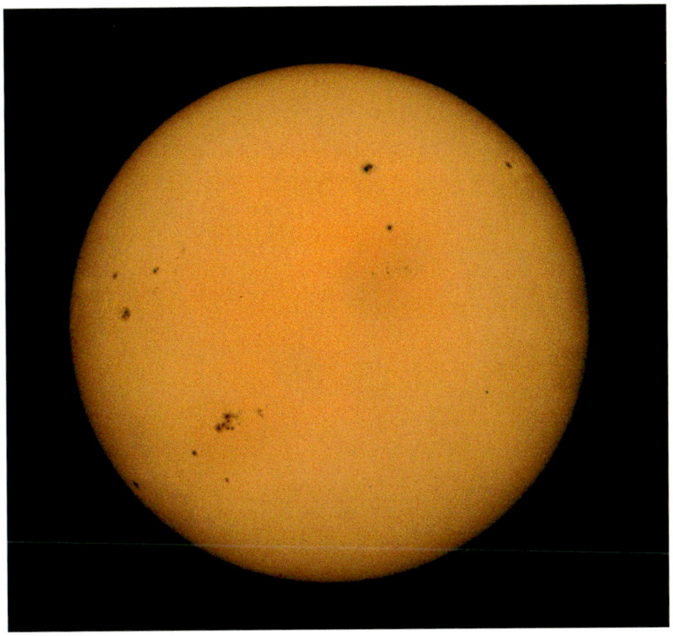

Abb. 46: Die Sonne mit vielen Flecken (Foto: Observatorium Wendelstein, Sammlung Deutsches Museum München).

An den Sonnenflecken lässt sich eine weitere Beobachtung machen. Sie liegt an der äußersten Grenze der Sichtbarkeit mit bloßem Auge, ist jedoch so eigenartig, dass sie hier erwähnt sei. Die Sonnenflecken bewegen sich täglich ein Stückchen nach rechts, nach Westen. Das lässt auf eine Eigenrotation der Sonne schließen.

Aus der Richtung, in der die Flecken wandern, ist zu entnehmen, dass die Drehung der Sonne gleichgerichtet ist mit der Erddrehung und der Wanderung der Erde um die Sonne. Man stellte aber fest, dass Flecken nahe am Äquator der Sonne in rund 27 Tagen umlaufen und polnahe Flecken in 33 Tagen. Das heißt also, die Sonne kann kein fester Körper wie die Erde sein, sie ist vielleicht ähnlich in sich verwindbar wie ein Kuchenteig. Strukturen, die eine Verwindung auf der Sonne bestätigen würden, hat man jedoch nie gesehen.

Abb. 47: Das Nordlicht – rot und grün strahlende Vorhänge (Foto: Cary Anderson).

Nordlichter

In nördlichen Gegenden der Erde, z.B. in Skandinavien, kann man nachts bei klarem Wetter am Himmel farbenprächtige, bewegte Lichter beobachten, das Nordlicht oder Aurora borealis (Abb. 47). Zur Zeit eines Sonnenfleckenmaximums werden in den polnahen Gegenden der Erde besonders viele und prächtige Nordlichter beobachtet. In solchen Jahren zeigen sie sich gelegentlich sogar bis in mittlere geografische Breiten. Diese Lichterscheinungen hängen mit den Sonnenflecken eng zusammen.[14] In der Nähe des Südpols gibt es das «Südlicht» oder «aurora australis».

Regenbogen

Viel häufiger als Nordlichter ist in mittleren geografischen Breiten ein anderes Naturschauspiel zu sehen. Es ist zwar nicht astronomischer Art, hängt aber doch eng mit der Sonne zusammen: der Regenbogen. Er steht beim Regen immer der Sonne gegenüber, und das Rot ist außen. Aber warum ist er eigentlich rund? Die Farben des Bogens können nur in einem Winkel von 42° um den der Sonne gegen-überliegenden Punkt gesehen werden. Die Stellen gleichen Winkels liegen auf einem Kreisbogen, sie könnten mit einem großen Zirkel an den Himmel gezeichnet werden. Je tiefer die Sonne steht, ein desto größerer Teil des Bogens ist zu sehen. Bei einer über 42° hoch stehenden Sonne ist kein Regenbogen möglich. Bei untergehender Sonne hat der Regenbogen sein größtes Ausmaß, einen Halbkreis (Abb. 48).

Zur Physik des Regenbogens: Das Sonnenlicht spiegelt sich an der Rückseite der fallenden Regentropfen. Dazu muss das Licht durch das Wasser der Tropfen gehen, was durch Lichtbrechung die Entstehung der Regenbogenfarben zur Folge hat.

Abb. 48: Regenbogen bei Sonnenuntergang (Foto: Martin Rietze).

Jeder Mensch sieht seinen eigenen Regenbogen. Wenn er sich in der Landschaft bewegt, nimmt er seinen Regenbogen mit: Wer versucht, an die Stelle zu gelangen, wo der Bogen den Boden berührt, muss feststellen, dass ihm der Bogen ausweicht. Wer sich vom Bogen entfernen will, wird von ihm verfolgt. Zur Seite geht der Regenbogen mit dem Beobachter mit.

Der Regenbogen wandert aber auch allein, denn die Sonne bewegt sich im täglichen Umschwung. Wer das Glück hat, einem abendlichen Regenbogen von längerer Dauer gegenüberzustehen, kann im Laufe der Zeit eine leichte Verschiebung des rechten Bogenfußes nach rechts, nach Süden, beobachten, falls er seinen Standpunkt nicht ändert. Die Verschiebung des abendlichen Bogens im Osten hat zwei Ursachen: Einerseits steigt durch das Niedergehen der Sonne der gegenüberliegende Mittelpunkt, ein größerer Teil des Bogens wird sichtbar, und die Bogenenden gehen auseinander. Andererseits bewegt sich die sinkende Sonne nach Norden; daher verschiebt sich der ganze Bogen nach Süden. Am rechten Fuß wirken beide Bewegungen zusammen, dort kann man die Erscheinung bei länger stehenden Bögen am ehesten beobachten. Am linken Fuß schwächen sich die beiden Bewegungen gegenseitig ab. Bei einem seltenen morgendlichen Regenbogen sind die Verhältnisse umgekehrt.

Abb. 49: Die Wanderung des Mondes von einem Tag auf den anderen.

Abb. 50: Die Sichel des jungen Mondes mit dem aschgrauen Hintergrund am Abend.

Dritter Teil: Der Mond

Nacht ist schon hereingesunken,
Schließt sich heilig Stern an Stern,
Große Lichter, kleine Funken
Glitzern nah und glänzen fern;
Glitzern hier im See sich spiegelnd,
Glänzen droben klarer Nacht,
Tiefsten Ruhens Glück besiegelnd
Herrscht des Mondes volle Pracht. *Goethe*

Zum Anfang sei eine ganz simple Erfahrung angesprochen. Jedes Kind weiß es: Bei Nachtspaziergängen im Mondenschein «geht der Mond mit». Er lässt sich nicht durch Bäume und Häuser am Wegesrand aufhalten, treu zieht er mit uns weiter. Wenn er einmal hinter einem größeren Hindernis verschwunden ist und wir nur munter weiterlaufen, taucht er bald wieder auf – unsichtbar ging er mit uns mit. Woher kommt das nur? Der Mond ist so weit weg, dass wir nicht einfach an ihm vorbeigehen können wie an den Gegenständen am Wegesrand. Das ist das ganze Geheimnis. Nicht nur der Mond zieht mit, auch alle Sterne, sogar die Sonne. Bei den Sternen bemerken wir es nur nicht, sie sind zu klein; und die Sonne ist zu hell.

Wenn es stürmt und Wolkenfetzen am Mond vorbeiziehen, kann man meinen, der Mond würde durch die Wolken eilen; das ist natürlich eine Täuschung. Der Mond bewegt sich viel langsamer als die Wolken. – Immer wieder wurde ich gefragt, warum der Mond in Horizontnähe so viel größer ist als hoch am Himmel. Auch das ist eine Täuschung. Der Mond ändert tatsächlich etwas seine Größe, aber nicht im Verlauf einer halben Nacht. Später mehr davon.

Sehr eindrucksvoll ist es, den Mond mit einem Feldstecher zu betrachten. Am interessantesten ist er zur Halbmondzeit. Dann treten an der Schattengrenze die vielen Krater besonders plastisch hervor.

Der Mond hält weitere Besonderheiten bereit: Die auffallendste Eigenart ist der Wechsel seiner Gestalt, das Zu- und Abnehmen. Um dieses Phänomen zu verstehen, müssen erst einige grundsätzliche Verhaltensweisen des Mondes festgehalten werden.

Der Mond nimmt natürlich am täglichen Umschwung teil, das heißt, er geht gegen Osten auf, kulminiert im Süden und geht gegen Westen unter, wie es sich gehört. Seine Bahn am Himmel ähnelt der Sonnenbahn. Der Mond ist immer im Tierkreis zu finden. Auch er wandert wie die Sonne zusätzlich entgegen dem täglichen Umschwung durch den Tierkreis, aber etwa dreizehnmal schneller, in jeder Stunde etwas mehr als sein Durchmesser. Gute zwei Tage bleibt er in einem Sternbild.

Dieses Weiterrücken im Tierkreis kann von einem Tag auf den anderen gut beobachtet werden. Dazu braucht man nur zwei Nächte hintereinander einen klaren Himmel und einen hellen Stern in der Nähe des Mondes. Man merkt sich die Stellung von Mond und Stern am ersten Tag; am besten fertigt man sich eine Skizze an. Am nächsten Tag steht der Mond weiter östlich, mehr als eine Handbreite bei ausgestrecktem Arm (Abb. 49). Der tägliche Umschwung des Mondes zusammengenommen mit seinem entgegengesetzten Weiterwandern im Tierkreis ergibt einen deutlich langsameren täglichen Umschwung im Vergleich zu den Sternen. Die Folge ist eine tägliche «Verspätung» des Mondes.

Die Mondphasen

Die verschiedenen Lichtgestalten des Mondes nennt man die «Mondphasen». Die dünne, zunehmende Sichel des jungen Mondes zwei Tage nach Neumond (man spricht von «Neulicht») ist zur gerade untergegangenen Sonne

Abb. 51: Zunehmender Halbmond am Abend.

hin gebogen. Sie ist nur kurze Zeit im Westen zu sehen, denn sie geht bald nach der Sonne unter (Abb. 50). Manchmal, besonders an klaren Frühlingsabenden, ahnt man auch die unbeleuchtete Seite des zunehmenden Mondes. Man spricht von einem «aschgrauen Licht», in dem der unbeleuchtete Teil des Mondes erscheint. Die Ursache für diese zauberhafte Erscheinung ist der Schnee auf der winterlichen Nordhalbkugel der Erde, der Sonnenlicht zum Mond reflektiert.

Der Mond vergrößert täglich den Winkelabstand von der Sonne. Zugleich wird seine Sichel kräftiger, und der Untergang verspätet sich, das heißt, der Mond ist am Abend länger zu sehen. Eine Woche nach Neumond oder fünf Tage nach der ersten Sichtbarkeit haben wir den zunehmenden Halbmond. In dieser Gestalt geht er mittags auf und ist den ganzen Nachmittag über schon zu sehen. Bei Sonnenuntergang kulminiert er und scheint während der ersten Nachthälfte. Die leuchtende Seite schaut immer nach Westen (rechts). Sonne und Mond stehen im rechten Winkel zueinander. Die Astronomen nennen diese Konstellation eine «Quadratur» (Abb. 51). Man spricht auch vom «ersten Viertel» des Mondes. Das Viertel bezieht sich auf einen gesamten Mondumlauf.

Anschließend vergrößert der Mond den rückwärts liegenden Winkelabstand von der Sonne weiter und nimmt dabei munter zu. Wieder eine Woche später, zwei Wochen nach Neumond, ist er im vollen Rund zu sehen. Als Vollmond steht er der Sonne gegenüber; man spricht von einer «Opposition». Der Vollmond geht auf, wenn die Sonne untergeht (Abb. 52), und er geht unter, wenn die Sonne aufgeht. Er erhellt die ganze Nacht mit voller Kraft, und um Mitternacht kulminiert er.

Nach seiner Vollmondphase wandert der Mond in der gleichen Richtung im Tierkreis weiter nach Osten. Nun

Abb. 52: Der Vollmond geht auf, wenn die Sonne untergeht, und umgekehrt.

messen wir den Winkelabstand zur Sonne vorwärts. Er wird kleiner, das heißt, der Mond beginnt langsam von der «anderen Seite» her abzunehmen. Eine Woche nach Vollmond ist er im dritten Viertel; man spricht vom abnehmenden Halbmond. Als solcher scheint er in der zweiten Nachthälfte und ist am folgenden Vormittag noch zu sehen. Die helle Seite des Mondes ist zur Sonne gerichtet, jetzt nach Osten. Um Mitternacht geht er auf. Wenn die Sonne dann morgens im Osten aufgeht, kulminiert er bereits (Abb. 53), und am Mittag geht er unter. Wir haben wieder eine Quadraturstellung – einen rechten Winkel zwischen Sonne und Mond.

Der Mond wandert weiter, er verringert seinen Winkel zur Sonne stetig, er nimmt Sichelgestalt an und geht immer kürzere Zeit vor der Sonne auf. Zwei Tage vor Neumond haben wir in dieser Periode das letzte Mal Gelegenheit, den Mond zu sehen – wieder als dünne, jetzt nach Osten gewendete Sichel, kurz vor Sonnenaufgang im Osten. Es steht der «heliaktische Untergang» bevor (Abb. 54).

Drei bis vier Tage lang bleibt uns dann der Mond im Licht der Sonne verborgen, es ist Neumondzeit. Die Nächte sind mondlos – gute Gelegenheit für Sternbeobachtungen die ganze Nacht über. Der Mond zieht am Tage in unmittelbarer Sonnennähe über den Himmel. Mond und Sonne begegnen sich, das nennt man «Konjunktion».

Danach erleben wir kurz nach Sonnenuntergang im Westen den «heliaktischen Aufgang» des Mondes in Form der dünnen Sichel. Das Spiel mit den Mondphasen beginnt wieder neu, aber doch etwas anders, denn die Sonne ist in der Zwischenzeit ein Sternbild weitergezogen. Jede Mondphase sehen wir nun auch im Tierkreis um ein Sternbild weiter nach Osten verschoben.

Der «siderische Umlauf» des Mondes von einem Sternbild im Tierkreis bis wieder zum gleichen (360°) ist schon

Abb. 53: Der abnehmende Halbmond bei Sonnenaufgang.

Abb. 54: Die abnehmende Mondsichel am Morgen.

nach 27 $^{1}/_{3}$ Tagen vollendet. Demnach kommt der Mond täglich ca. 13° (360° : 27 $^{1}/_{3}$) im Tierkreis nach Osten voran. Ein ganzer Zyklus, ein «synodischer Umlauf» von Neumond zu Neumond oder von Vollmond zu Vollmond, dauert 29 $^{1}/_{2}$ Tage und erstreckt sich über 390°.

Das Spiel von Sonne und Mond kann mit den Zeigern einer Uhr verglichen werden. Bei jedem Umlauf überholt der große Zeiger (Mond) den kleinen Zeiger (Sonne). Das Verhältnis der Geschwindigkeiten stimmt ungefähr überein: Der große Zeiger geht zwölfmal herum, während der kleine einen Umlauf vollendet. Sonne und Mond brauchen zu einem Zyklus ein Jahr, die Uhr zwölf Stunden. Die Umlaufsrichtung der Uhr ist allerdings entgegengesetzt zu den Gestirnen.

Abb. 55: Die «Eselsbrücke» für den zunehmenden und den abnehmenden Mond.

Eine Merkregel

Hand aufs Herz – können Sie bei einem kurzen Blick auf den Mond sagen, ob er abnehmend ist oder zunehmend? Ganz einfach, wenn man die Tageszeit kennt: Das Zunehmen ist ein Geschehen in den Abendstunden, das Abnehmen eines der Morgenstunden. Noch einfacher: Beim Zunehmen kann man aus dem Mond ein großes deutsches «Z» machen und beim Abnehmen ein großes deutsches «A» (Abb. 55).

Als Gott den lieben Mond erschuf,
gab er ihm folgenden Beruf:
Beim Zu- sowohl wie beim Abnehmen
sich deutschen Lesern zu bequemen,
ein A formierend und ein Z
dass keiner groß zu denken hätt.
Befolgend dies, ward der Trabant
ein völlig deutscher Gegenstand. *Christian Morgenstern*

Das Wandern des Mondes nach Osten hat in Verbindung mit dem täglichen Umschwung zur Folge, dass der Mond täglich später auf- und untergeht. Wenn der Mond heute um 20 h aufging, wird er morgen etwa um 20.55 h aufgehen. Es kann auch etwas früher oder später sein, aber im Mittel hat der Mond täglich neu eine knappe Stunde Verspätung. Beim Untergang ist es ebenso. Die Auf- und Untergänge erfolgen wie bei der Sonne und den Sternen schräg.

Diesmal eine Rechnung anstelle einer Zeichnung: In rund 27 Tagen wandert der Mond durch den Tierkreis. An jedem Tag muss er also $^{1}/_{27}$ gegenüber dem täglichen Umschwung der Sterne zurückbleiben. $^{1}/_{27}$ von 24 Stunden sind rund 0,9 Stunden oder 0,9 x 60 = 54 Minuten, also eine knappe Stunde.

Immer wieder begegnet man Bildern, auf denen ein sichelförmiger Mond abgebildet ist. Es muss sich also um ein Abend- oder Morgenbild handeln. Die Umstände auf dem Bild oder der beigefügte Text verlangen jedoch eine andere Nachtzeit. Es war jemand am Werk, der das Verhalten des Mondes nicht genug kannte. Der Autor besitzt eine Sammlung solcher Missgeschicke; ein Beispiel davon zeigt die Abbildung 56. Eine entzückende Silvesterkarte, aber um Mitternacht (Zeigerstellung der Uhr) kann keine abnehmende Mondsichel am Himmel zu sehen sein, nur am Morgen.

Abb. 56: Ein so schmaler abnehmender Mond steht um Mitternacht nicht am Himmel, er geht erst kurz vor Sonnenaufgang auf.

Noch eine Eigenart des Mondes: Er hat ein «Gesicht». Manche Menschen sehen auch einen «Mann im Mond», andere einen «Hasen». Was wir uns vorstellen, ist hier gleichgültig, jedenfalls sehen wir immer das gleiche Bild. Wenn der Mond halb ist, sehen wir dieses Bild nur halb, aber kein anderes. Der Mond zeigt uns immer die gleiche Seite – dieses Verhalten ist keinesfalls selbstverständlich.

Das Lunarium

Um die hier geschilderten Verhältnisse zwischen Sonne und Mond beweglich zu veranschaulichen, kann man sich ein kleines Modell, ein «Lunarium», bauen. Dazu sind außer Geduld nur etwas Pappe (am besten blau und dunkel), ein weißes und gelbes Papierstückchen sowie eine «Musterbeutelklammer» und etwas Klebstoff nötig. An Werkzeugen benötigt man einen Zirkel und eine Schere sowie einen feinen schwarzen Filzschreiber.

Mit dem Zirkel zieht man auf dem blauen Karton einen Kreis mit 15 cm Durchmesser (Zirkelradius 7,5 cm) und schneidet ihn aus. Das ist der Himmel. Aus dem dunklen Karton entsteht der Horizont gemäß Abbildung 58. Für die Darstellung der Sonne schneiden wir aus dem weißen Papier ein 10 mm großes Scheibchen aus. Fünf ebenso große gelbe Scheibchen sind für die Monde nötig. Die verschiedenen Phasen, also Vollmond, zwei Halbmonde, zwei schmale Sicheln, bekommen wir durch entsprechendes teilweises Schwärzen (mit dem Filzschreiber) der gelben Scheibchen. Nun wird die Sonne mit 1 cm Abstand vom Rand auf die blaue Scheibe geklebt, ebenso dazu die Monde in den richtigen Positionen gemäß Abbildung 59. Es ist darauf zu achten, dass Sonne und Vollmond genau gegenüber geklebt werden und ebenso die beiden Halbmonde quer dazu. Nach dem Bohren der nötigen Löcher (spitze Schere) wird der Himmel hinter den Horizont gesetzt; mit der Klammer wird beides drehbar zusammengehalten. Nach der Markierung der Himmelsrichtungen Ost und West am runden Horizont – dort, wo Sonne und Mond auf- und untergehen – ist das kleine Lunarium fertig (Abb. 57).

Eine Drehung der Scheibe nach rechts (bitte nie nach links drehen!) ahmt den täglichen Umschwung nach. Dabei kann man das Verhalten des Mondes im Laufe des Tages und der Nacht studieren. Wenn die weiße Sonne sichtbar ist, ist es Tag, wenn sie nicht zu sehen ist, herrscht Nacht. Den Helligkeitswechsel ergänzt die Fantasie. Das Lunarium zeigt fünf verschiedene Mondphasen auf einmal. Dies entspricht natürlich nicht der Realität, weil es nur einen Mond gibt. Es erspart aber die Arbeit, fünf Lunarien zu bauen. Es ist auch möglich, den noch nicht ganz vollen und den schon etwas abnehmenden Mond mit einzubauen.

Abb. 57: Das fertige Lunarium.

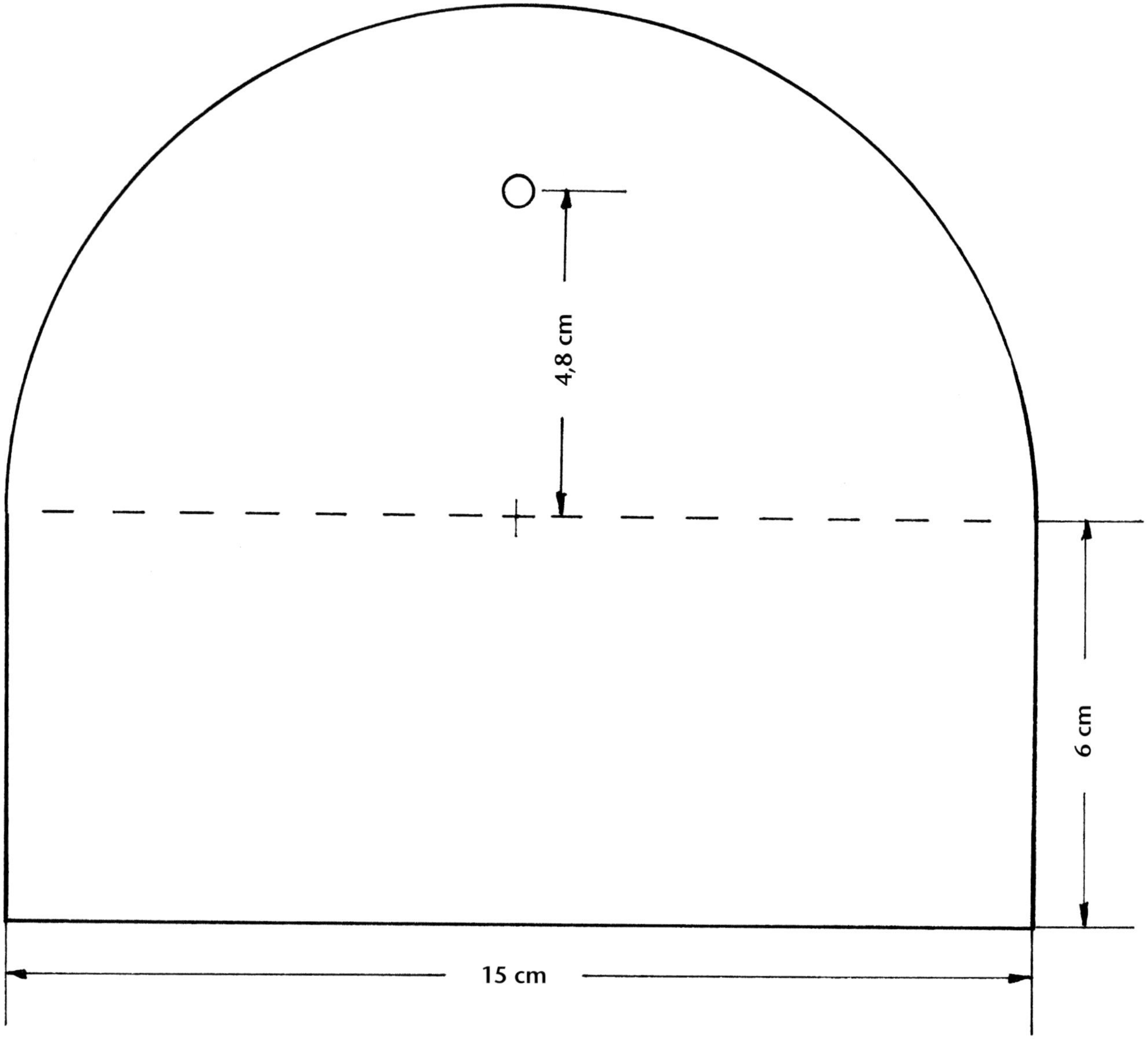

Abb. 58: Horizont für das Lunarium aus dunkler Pappe.

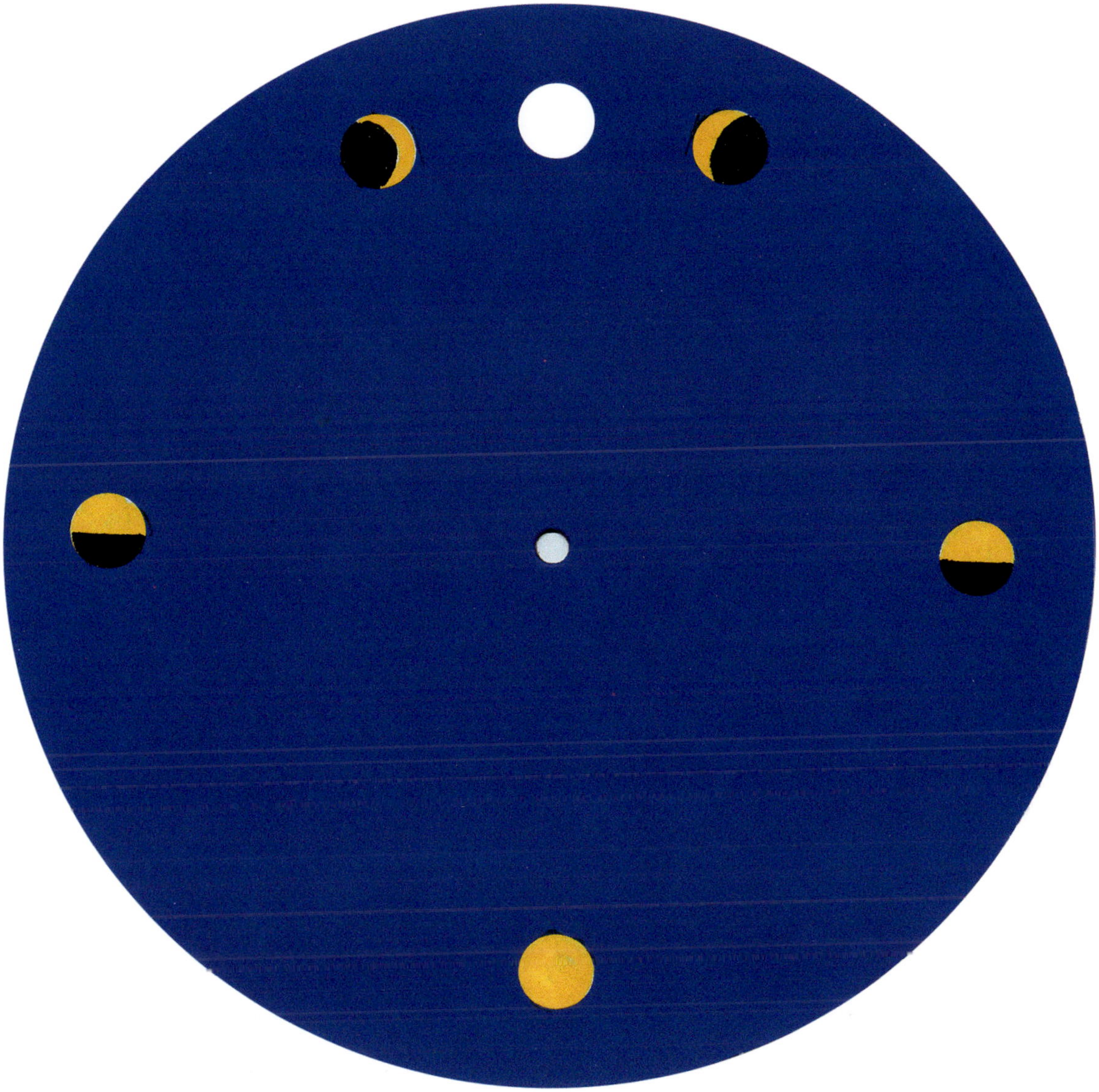

Abb. 59: Der Himmel für das Lunarium aus blauer Pappe mit 15 cm Durchmesser.

Tabelle der Mondphasen

Phase	Aufgang	Untergang	Mond
●	bei Sonnenaufgang	bei Sonnenuntergang	Neumond
◐	gegen Mittag	gegen Mitternacht	zunehmender Halbmond
○	bei Sonnenuntergang	bei Sonnenaufgang	Vollmond
◑	gegen Mitternacht	gegen Mittag	abnehmender Halbmond

Zusammenfassung

Außer der Teilnahme am täglichen Umschwung wandert auch der Mond in entgegengesetzter Richtung nach Osten durch den Tierkreis; dabei verändert er seine Lichtgestalt vom zunehmenden über den vollen und den abnehmenden Mond zur Unsichtbarkeit als Neumond. Ein solcher synodischer Zyklus dauert rund vier Wochen, genauer 29 $^1/_2$ Tage. Ein siderischer Mondumlauf unter den Fixsternen dauert 27 $^1/_3$ Tage. Der Mond ist das schnellste Gestirn im Tierkreis. Die Mondsichel weist immer zur Sonne.

Das Licht des Mondes wächst und schwindet in doppelter Weise. Während der Mond zunimmt, wächst auch die Dauer seines Scheinens in den Nächten. Das Zunehmen geschieht in der ersten Nachthälfte. – Der Höhepunkt ist bei Vollmond erreicht; als solcher leuchtet er in voller Größe die ganze Nacht über. Der Vollmond steht der Sonne gegenüber. – Beim Abnehmen vermindert sich sein Licht und die Dauer seines Scheinens. Das Abnehmen geschieht in der zweiten Nachthälfte. Täglich geht der Mond eine knappe Stunde später auf bzw. unter. Der Mond zeigt immer die gleiche Seite zur Erde.

Der Mond kopernikanisch gesehen

Die Mondphasen lassen sich in der kopernikanischen Sichtweise mühelos erklären. Dazu müssen wir annehmen, dass der Mond die Erde umkreist. Man nennt ihn daher auch den «Trabanten» der Erde. Seine Bewegungsrichtung ist die gleiche wie die der Wanderung der Erde um die Sonne, er ist jedoch wesentlich näher an der Erde (Abb. 60). Der Mond hat kein eigenes Licht, er wird auf einer Hälfte von der Sonne beleuchtet – wie die Erde. In Position 1 ist die unbeleuchtete Mondseite zur Erde gerichtet, man sieht ihn nicht, es ist Neumond. In Position 2 ist zunehmender Halbmond, von der Erde aus zeigt die beleuchtete Seite nach rechts. In Position 3 (Opposition zur Sonne) haben wir Vollmond, in Position 4 abnehmenden Halbmond. Mit dem Schatten der Erde, wie manchmal behauptet wird, haben die Mondphasen nichts zu tun.

Hat der Mond auch eine Eigenrotation wie die Erde? Aus der Tatsache, dass der Mond immer die gleiche Seite zur Erde wendet, muss man schließen, dass er auch rotiert. Das ist kein Widerspruch, er muss die Umkreisung der Erde kompensieren. Seine Rotationsdauer beträgt aber nicht 24 Stunden wie bei der Erde, sie währt genauso lang wie sein siderischer Umlauf, 27 $^1/_3$ Tage. Die Rotationsachse des Mondes steht senkrecht zu seiner Bahnebene.

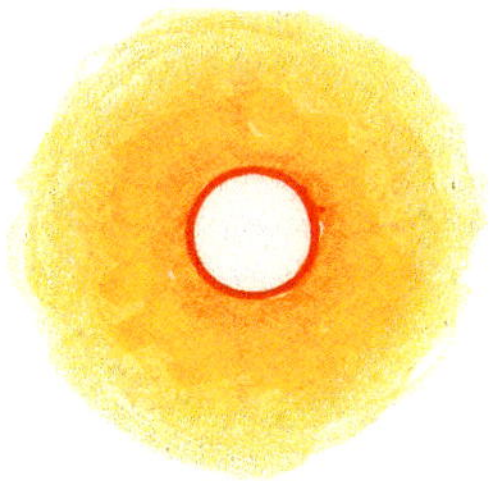

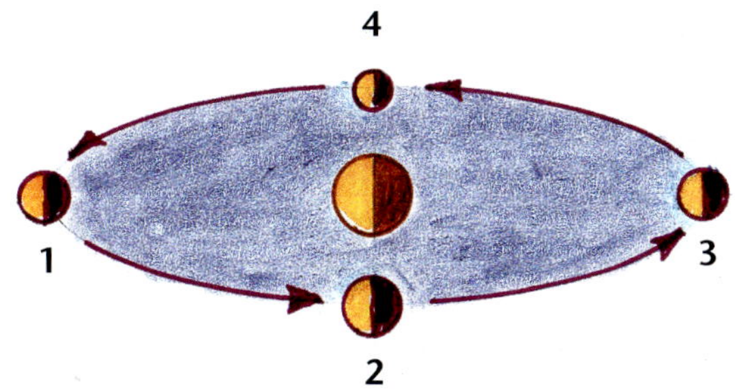

Abb. 60: Durch die Bewegung des Mondes um die Erde entstehen die Mondphasen.

Zusammenfassung

Durchschaubarer wird die Sache, wenn wir uns den Mond als eine wie die Erde frei im Raum schwebende Kugel vorstellen, die ihr Licht von der Sonne bekommt. Der Mond hat eine beleuchtete Tagseite, die immer in die Richtung zur Sonne weist. Er umkreist die Erde, ähnlich wie diese die Sonne umkreist. Beide Bewegungen laufen in gleicher Richtung ab. Die Mondbahn um die Erde ist jedoch wesentlich enger als die Erdbahn um die Sonne. Während die Erde ein Jahr zu ihrem Umlauf benötigt, vollendet der Mond seinen Umlauf in einem knappen Monat. Die Erde nimmt den Mond auf ihrem Weg um die Sonne mit. Weil die Mondbahnebene ungefähr in der Erdbahnebene liegt, ist der Mond von der Erde aus gesehen immer im Tierkreis zu finden. Der Mond dreht sich um eine senkrecht stehende Achse zeitgleich mit dem Umlauf um die Erde. – Das Zunehmen und das Abnehmen des Mondes ist eine Beleuchtungserscheinung. Es kommt darauf an, von welcher Seite her wir den Mond von der Erde aus zu sehen bekommen.

Ein kleines Mädchen stellte mir einmal eine seltsame Frage: «Was würde passieren, wenn man auf dem Mond ein Haus bauen würde und der Mond dann abnimmt?» Ich gab damals nicht gleich die Antwort, denn es ist gut für Kinder, wenn sie Geduld üben, einige Zeit mit einer Frage umgehen und schließlich die Antwort selbst finden. Jenes Mädchen ist inzwischen erwachsen und weiß, dass der gute Mond beim Abnehmen nicht weniger wird. Wir sehen nur im Lauf der Tage immer weniger von der beleuchteten Seite des Mondes. Das gedachte Haus würde in die Nachtseite des Mondes rücken; für dessen fiktive Bewohner geht die Sonne auf dem Mond unter, weiter nichts.

Im Jahr ist die mittlere Monatslänge 30 $^1/_2$ Tage, also einen Tag länger als ein synodischer Umlauf. Dies hat zur Folge, dass das Datum einer bestimmten Mondphase in der Regel jeden Monat einen Tag nach vorne rückt. Ein Beispiel: Im Jahr 2000 war am 16. Juli Vollmond. Im August war am 15. Vollmond, im September aber schon am 13. Dafür strahlte im Oktober der Vollmond ebenfalls am 13., dann am 11. November und am 11. Dezember. Aus dieser Darstellung ist zu entnehmen, dass es sich bei der eintägigen monatlichen Verschiebung nur um eine Regel, nicht um ein Gesetz handelt. Schließlich sind die Monate nicht gleich lang, und es gibt Schaltjahre. Zwölfmal im Jahr einen Tag früher bedeutet für das folgende Jahr zwölf Tage früher die gleiche Mondphase wie im Vorjahr. Man kann an die Zeit «zwischen den Jahren» denken, an die zwölf heiligen Nächte. Um so viel etwa unterscheiden sich Sonnen- und Mondjahr. Unser Kalender richtet sich nach der Sonne.

Ein Jahr hat in der Regel zwölf Vollmonde und auch zwölf Neumonde, denn 365 (Tage im Jahr) geteilt durch 29,5 (synodischer Umlauf) ist etwa 12.

Abb. 61: Der niedrige Johanni-Vollmond zwischen Schütze und Skorpion um Mitternacht.

Abb. 62: Der hohe Weihnachts-Vollmond zwischen Stier und Zwillinge um Mitternacht.

Der Mond im Tierkreis

Zur Wiederholung: Der Mond steht immer im Tierkreis. Außer dem täglichen Umschwung ist dem Mond, ähnlich wie der Sonne, noch eine zweite, zusätzliche Bewegung zu eigen, die dem täglichen Umschwung entgegen nach Osten (links) gerichtet ist. Dieses Weiterrücken des Mondes ist jedoch wesentlich schneller als das der Sonne. Während die Sonne in einem Jahr nur einmal durch den Tierkreis geht, durchläuft der Mond ihn rund dreizehnmal. Warum? 365 (Tage im Jahr) geteilt durch 27,3 (siderischer Umlauf) ist etwa 13. Das ist einmal mehr, als der Mond Phasenzyklen im Jahr macht, weil er der Sonne stets «nachlaufen» muss.

Anders ausgedrückt: Sonne und Mond vollführen außer dem täglichen Umschwung noch eine zweite, entgegengesetzte Bewegung. Der Mond ist wesentlich schneller als die Sonne, daher überholt der Mond die Sonne ständig aufs Neue, zwölfmal im Jahr. Bei jedem Überholen sind beide Gestirne nahe beisammen; der Mond ist dann unsichtbar, es ist Neumond. Genau zwischen zwei Überholvorgängen, bei «Halbzeit», ist Vollmond.

Der durch den Tierkreis wandernde Mond steht wie die Sonne jeweils während der halben Zeit über bzw. unter dem Himmelsäquator. Weil er vier Wochen zu einem Umlauf benötigt, befindet er sich jeweils zwei Wochen in der oberen, nördlichen Tierkreishälfte und zwei Wochen in der unteren, südlichen Tierkreishälfte. Dieses Wechseln geschieht nicht plötzlich, sondern stetig wie bei der Sonne. Wir sprechen von einem im Tierkreis aufsteigenden und einem im Tierkreis absteigenden Mond. (Mit dem Höhenwechsel im Tageslauf hat dies nichts zu tun.) Auch das Auf- und Absteigen dauert je zwei Wochen und ist unabhängig von den Mondphasen. Wie die Sonne ist der Mond vom Schützen bis zum Stier aufsteigend und von den Zwillingen bis zum Skorpion absteigend. Der Rhythmus des Zu- und Abnehmens geht mit dem Auf- und Absteigen im Tiefwinter parallel, in der Johannizeit ist er aber gegenläufig. Die Zwischenstufen gehen langsam ineinander über.

Im täglichen Umschwung wandert der Mond, ähnlich wie die Sonne, teils auf hohen und teils auf niedrigen Bahnen über den Himmel. Auf den hohen Bahnen ist der Mond von Nordost bis Nordwest lange über dem Horizont zu sehen, auf den niedrigen von Südost bis Südwest kürzere Zeit. Die Sonne verursacht auf diese Weise die Jahreszeiten auf der Erde; der hohe bzw. niedrige Mondlauf hat dagegen keinen Einfluss auf die Jahreszeiten. Der Mond hat einen zwölfmal schnelleren Höhenwechsel als die Sonne.

Der Vollmond steht der Sonne gegenüber. Zu Johanni steht die Sonne in der höchsten Stelle des Tierkreises zwischen Stier und Zwillingen. Folglich steht der Johanni-Vollmond ihr gegenüber an der tiefsten Stelle zwischen Skorpion und Schütze. In den kurzen Sommernächten steht der Tierkreis in der Flachstellung. Der Johanni-Vollmond bewegt sich auf der niedrigen Tagesbahn der Wintersonne über den sommerlichen Nachthimmel (Abb. 61). – Umgekehrt verhält sich der Vollmond in den langen Winternächten: Er geht im Nordosten auf, kulminiert hoch oben im Süden und geht nach sechzehn Stunden im Nordwesten unter (Abb. 62). In der dunklen Jahreszeit, wenn wir ihn gut gebrauchen können, steht der Wintervollmond zwischen Stier und Zwillingen. Zu den beiden «Extremzeiten» Johanni und Weihnachten lohnt es sich, die Aufgänge des Vollmondes zu beobachten. Wir kennen die Stellen am Horizont, wo die Sonne zu diesen Zeiten aufgeht. Mit Erstaunen werden wir durch den aufgehenden Vollmond daran erinnert, wo die Sonne vor einem halben Jahr (zur anderen Extremzeit) aufging.

An den Frühlingsabenden hat der Tierkreis Steilstellung. Zu dieser Zeit steht der zunehmende Halbmond hoch am Himmel (Abb. 63). An den Herbstabenden hat der Tierkreis Flachstellung, und der zunehmende Mond steht niedrig (Abb. 64).

Die zunehmende Mondsichel am Abend kann einmal höher oben, schräg stehend, gesehen werden oder auch tiefer unten nahezu gerade stehend (Abb. 65). Wieder kommt es darauf an, wie der Tierkreis steht. Bei der Steilstellung wird der Mond höher oben und geneigt zu sehen sein, bei der Flachstellung jedoch tiefer unten und aufgerichtet. Also wird die Mondsichel abends im Frühling hoch und im Herbst tief stehen. – In den Morgenstunden vor Neumond kann man Entsprechendes beobachten. Hier

Abb. 63: Ein Frühlingsabend: Tierkreis (Ekliptik) gelb (Steilstellung), Himmelsäquator rot, Tages-Mondbahn violett.

Abb. 64: Ein Herbstabend: Tierkreis (Ekliptik) gelb (Flachstellung), Himmelsäquator rot, Tages-Mondbahn violett.

Abb. 65: Der junge Mond am Abend: Hoch und schräg im Frühling, niedrig und aufgerichtet im Herbst.

steht die Sichel schräg und hoch im Herbst sowie gerade und tief im Frühling. Alle diese Erscheinungen können mit dem «Taschenplanetarium des Autors,[9] einem erweiterten Lunarium, nachgestellt und simuliert werden.

Beim Wandern durch den Tierkreis begegnet der Mond natürlich vielen Sternen. Was macht er mit ihnen? Schiebt er sie etwa zur Seite? Nein, natürlich nicht, er geht einfach über sie hinweg, er deckt sie zu. «Sternbedeckungen» nennt man das. Es finden ständig solche Sternbedeckungen durch den Mond statt, aber größere Sterne oder gar Planeten, an denen man ein solches Phänomen beobachten kann, deckt der Mond selten zu. Am 1. Dezember 2008 verdeckte der Mond den hellsten Stern, die Venus. Eine solche Sternbedeckung dauert bis zu einer Stunde, dann gibt der Mond den Stern wieder frei. Aus solchen Beobachtungen schließt man, dass die Sterne weiter weg sind als der Mond.

Aber wie ist das mit der Sonne? Kann der Mond auch die Sonne bedecken? Ja, er kann. Ab und zu passiert es; man nennt das dann eine «Sonnenfinsternis». Mit der Besprechung dieses Phänomens wird im nächsten Kapitel begonnen.

Zusammenfassung

Außer dem täglichen Umschwung steigt auch der Mond so wie die Sonne im Tierkreis auf und ab. Der Wechsel findet alle vierzehn Tage statt. Das Auf- und Absteigen des Mondes ist nicht mit dem Zu- und Abnehmen zu verwechseln. Der Sommervollmond zieht beim täglichen Umschwung auf der niedrigen Bahn der Wintersonne, und umgekehrt beschreibt der Wintervollmond die hohe Bahn der Sommersonne.

Die Mondknoten

Eine bestimmte Frage ist wohl schon längst aufgetaucht: Bei jedem Neumond müsste doch eigentlich der näher an der Erde stehende Mond die Sonne verdecken, das heißt, es müsste Sonnenfinsternis sein. Diese Überlegung ist völlig richtig. Es muss jedoch eine Korrektur angebracht werden: Der Mond bewegt sich nicht genau wie die Sonne auf der Ekliptik durch den Tierkreis. Er benützt eine Bahn mit Abweichungen von der Sonnenbahn (Ekliptik) bis zu 5° nach oben und nach unten. Daher überholt der Neumond die Sonne meistens ein Stück oberhalb oder unterhalb von ihr. Aber bei jedem Umlauf überquert der Mond – unabhängig von seiner Phase und der Jahreszeit – zweimal die Sonnenbahn, einmal von unten nach oben, einmal von oben nach unten. Der Mond pendelt also um die Ekliptik ähnlich wie die Sonne um den Himmelsäquator: die Sonne um 23 $^1/_2$ Grad, der Mond nur um 5 Grad. Weil aber der Mond den Sonnengang mitmacht, vollführt er einen doppelten Pendelschlag: das Pendeln um den Himmelsäquator mit der Sonne und zusätzlich das Pendeln um die Ekliptik, um die Sonnenbahn.

Gehen wir diese komplizierte Sache von einer anderen Seite neu an. Der Mond zieht also wie die Sonne nach Osten durch den Tierkreis, aber schneller. Dabei hat er eine Extrabahn, die nur ungefähr so wie die Ekliptik durch die Sterne des Tierkreises führt. Der Mond hat eine gewisse Freiheit, er kann bis zu 5° (10 Monddurchmesser) nach oben und unten von der Ekliptik abweichen. Diese Abweichungen finden regelmäßig statt. Der Mond ist bei einem Umlauf in vier Wochen die halbe Zeit oberhalb bzw. unterhalb der Ekliptik. Daraus folgt, dass er alle vierzehn Tage die Ekliptik kreuzt, einmal in der Richtung nach oben, dann in der Richtung nach unten. Diese Kreuzungspunkte heißen die «Mondknoten». Es gibt einen aufsteigenden Mondknoten und einen absteigenden Mondknoten. Diese beiden Mondknoten stehen im Tierkreis einander gegenüber.

Noch einmal: Gewöhnlich überholt der Neumond die Sonne oberhalb oder unterhalb. Manchmal «erwischt» der Mond die Sonne beim Überholen aber doch. Das passiert dann, wenn er gerade dort die Ekliptik kreuzt, wo die Sonne steht. Gleichgültig, ob er von oben oder von unten her kommt, es gibt eine Sonnenfinsternis, wenn der Mond gerade in seinem Knoten die Sonne überholt. Die Zeiten der möglichen Finsternisse liegen ein halbes Jahr auseinander, weil die Knoten im Tierkreis einander gegenüberliegen.

Zum letzten Mal: So wie die Jahresbahn der Sonne um 23 $^1/_2$ Grad zum Himmelsäquator geneigt ist, so ist die Monatsbahn des Mondes zusätzlich um 5 Grad zur Sonnenbahn geneigt. Die Schnittstellen der Sonnenbahn mit dem Himmelsäquator heißen Frühlings- und Herbstpunkt. Die Schnittstellen der Mondbahn mit der Sonnenbahn heißen aufsteigender und absteigender Knoten. Die Mondknoten gehen im täglichen Umschwung so wie Frühlings- und Herbstpunkt mit den Sternen auf und unter (man sieht sie allerdings nicht am Himmel). Abbildung 66 zeigt ein Beispiel. Der Mond (lila Bahn) kommt von unterhalb, quert in der Jungfrau die Ekliptik und wird am nächsten Tag ein Stückchen oberhalb der Ekliptik sein.

Man hat für die Knotenpunkte diese Zeichen eingeführt: ☊ = aufsteigender Knoten, ☋ = absteigender Knoten. Der aufsteigende Knoten wird auch «Drachenkopf» genannt, der absteigende «Drachenschwanz».

Umlauf der Mondknoten

Die Sache mit den Mondknoten ist noch nicht erschöpfend dargestellt. Bisher wurde nicht mitgeteilt, an welchen Stellen die Knoten im Tierkreis stehen. Dies hat seinen Grund. Die Knoten sind nämlich nicht an einer Stelle fixiert, sie laufen im Tierkreis um. Die Richtung ihres Umlaufs ist entgegen dem Lauf des Mondes («rückläufig» nach rechts) gerichtet. Ein Umlauf dauert 18,6 Jahre. Nach jedem Mondumlauf verschiebt sich der Knotenpunkt um drei Monddurchmesser nach rechts. Im Beispiel der Abbildung 66 befindet sich der aufsteigende Knoten gerade in der Jungfrau.

Der Umlauf der Mondknoten bewirkt, dass die höchste und die niedrigste Stellung des Mondes über bzw. unter der Ekliptik (jeweils 5°) ebenfalls umlaufen. Es kann nun einmal sein, dass die Mondknoten mit dem Frühlingspunkt und dem Herbstpunkt zusammenfallen. Diese beiden besonderen Punkte im Tierkreis (die Schnittpunkte der Ekliptik mit dem Himmelsäquator) liegen ja auch einander ge-

Abb. 66: Ein Beispiel: Der Mond geht unterhalb von Krebs und Löwe vorbei, in der Jungfrau quert er die Ekliptik (aufsteigender Knoten) und geht dann oberhalb von Waage, Skorpion und Schütze weiter.

genüber. Ist dies der Fall, so gibt es zwei Möglichkeiten: Entweder liegen die Knoten so, dass der Mond mit seinen Abweichungen von der Ekliptik die Schräglage seiner Bahn bezüglich des Himmelsäquators verstärkt oder dass er sie abschwächt. Die beiden Auf- und Abbewegungen können miteinander oder gegeneinander wirken.

Bei Verstärkung der Schräglage haben wir zwischen zwei Knotendurchgängen einen besonders hohen bzw. einen besonders tiefen Mond zu erwarten, unabhängig von den Mondphasen. Bei Abschwächung der Schräglage steigt der Mond nicht so hoch wie die Sonne im Sommer, und er geht nicht so tief hinunter wie die Sonne im Winter. Es wird also die Schräge der Ekliptik zum Himmelsäquator für den Mond verstärkt bzw. abgeschwächt. Von einem Fall zum anderen vergeht ein halber Knotenumlauf, also 9,3 Jahre. Dazwischen liegen alle möglichen Übergänge.

Wie sieht das praktisch aus? Es geht insbesondere um den Winter- und den Sommervollmond. Wir hatten zunächst festgestellt, dass der Wintervollmond so hoch wie die Sommersonne seine Bahn zieht. Nun kann es also sein, dass seine Bahn ihn noch einmal fünf Grad höher führt oder ihn fünf Grad darunterlässt. Entsprechendes kann auch mit dem Sommervollmond geschehen, der auf der tiefen Wintersonnenbahn läuft. Entweder verläuft seine Tagesbahn als Steigerung noch tiefer als die Wintersonne oder als Abschwächung nicht ganz so tief.

Es handelt sich um Feinheiten, die dem Laien kaum auffallen, sie gehören aber doch zu den Eigentümlichkeiten des Mondes dazu. Im Jahre 1997 stand der aufsteigende Knoten in der Nähe des Herbstpunktes und somit der absteigende Knoten in der Nähe des Frühlingspunktes. Wir hatten ein Jahr mit schwachen Höhenänderungen des Mondes. Gute neun Jahre später können wir eine starke Höhenänderung erwarten, denn dann liegt der aufsteigende Knoten im Frühlingspunkt und der absteigende im Herbstpunkt. Im Jahre 2006 gibt es also einen ganz besonders hohen Wintervollmond und einen ungewöhnlich tiefen Johannivollmond.

Sonnenfinsternis

Gelegentlich geschieht es also, dass der Mond gerade als Neumond einen Knoten passiert und sich vor die Sonne stellt. Er schiebt sich von Westen (rechts) her als eine runde, schwarze Scheibe davor. Das ist der Neumond, der ausnahmsweise zu sehen ist.

Die vollkommene Bedeckung der Sonne durch den Mond, die totale Sonnenfinsternis, ist nur von einem relativ eng begrenzten Gebiet der Erde aus zu sehen und dauert im günstigsten Fall siebeneinhalb Minuten. Rings um die dunkle Scheibe strahlt ein geheimnisvolles Licht, die «Sonnenkorona» (Abb. 67). Am Sonnenrand sind oft rötliche Auswüchse zu sehen – das sind «Protuberanzen». Der Himmel ist düster geworden, die Landschaft grau, es wird kühl, Wind kommt auf. Obwohl es Tag ist, erkennt man einzelne Sterne. Dieses Geschehen ist außerordentlich eindrucksvoll und die einzige Gelegenheit, Sterne des Sternbildes zu sehen, in dem die Sonne gerade steht. In der kurzen Zeit der Totalität kann man ohne Schutzbrille beobachten.

Die letzte in Mitteleuropa sichtbare Sonnenfinsternis war am 11. August 1999. Im Durchschnitt findet jährlich eine totale Sonnenfinsternis irgendwo auf der Erde statt; die nächste in Mitteleuropa sichtbare erwarten wir erst 2081, sie trifft Deutschland gerade noch in Lindau.

Eine totale Sonnenfinsternis wird nicht überall auf der Erde total erlebt. Die Zone der Totalität auf der Erde ist ein maximal 260 km breiter Streifen, der quer über die augenblickliche Tageshälfte der Erde geht. In benachbarten Gebieten der Totalitätszone beobachtet man eine «partielle» Finsternis, bei der die Sonne nur teilweise verdeckt wird, wie vor und nach der Totalität. Sie wird wesentlich öfter erlebt als eine totale Finsternis und dauert über eine Stunde an; es wird dabei kaum dunkel. Bei einer partiellen Sonnenfinsternis sieht man die Korona nicht.

Abbildung 68 zeigt den Verlauf einer partiellen Sonnenfinsternis, durch eine Mehrfachbelichtung fotografisch festgehalten. Sonne und Neumond bewegen sich im täglichen Umschwung von links oben nach rechts unten. Es sieht so aus, als würde die Sonne den Mond überholen.

Abb. 67: Verfinsterte Sonne mit Korona und Protuberanzen (11. August 1999, Aufnahme: Martin Rietze).

Wir wissen aber von der entgegengesetzten Bewegung beider Gestirne vor dem Tierkreishintergrund. So gesehen überholt der schnellere Mond die langsamere Sonne.

Während einer solchen partiellen Finsternis lohnt es sich, in den Schatten unter einem Baum mit lockerem Blattwerk zu blicken. Dort kann man am Boden eine Menge heller «Möndchen» entdecken. Der «Camera obscura»- Effekt in den Blättern des Baumes lässt diese Lichterscheinung entstehen. Man kann auch einfach eine Pappe mit einem Loch darin vor eine helle Wand halten. Im Schattenbild wird man wieder ein «Möndchen» erkennen – eine Abbildung des Geschehens am Himmel, aber seitenverkehrt und auf dem Kopf stehend. Die bei Sonnenfinsternis auftretenden «Möndchen» unterscheiden sich vom Bild des echten Mondes: Die echte Mondsichel ist innen von einer halben Ellipse begrenzt, während bei der Finsternis ein Halbkreis, der Rand des Mondes, auftritt.

Abb. 68: Partielle Sonnenfinsternis an einem Nachmittag: Sonne und Mond steigen im täglichen Umschwung nach rechts unten ab. Vor dem (unsichtbaren) Fixsternhintergrund überholt der Neumond nach Osten hin die Sonne (Aufnahme: Martin Rietze).

Abb. 69: Der fast ganz durch den Erdschatten verfinsterte Mond (Aufnahme: Martin Rietze).

Mondfinsternis

In manchen Vollmondnächten erleben wir ein anderes Schauspiel – die Mondfinsternis. Dabei gerät der Mond in den sonst unsichtbaren Schatten der Erde, weil er gerade einen Knoten passiert. Eine Mondfinsternis kann im Gegensatz zur Sonnenfinsternis von allen Stellen der Erde beobachtet werden, sofern sie in der Nachtseite liegen. Der Erdschatten ist rund zweieinhalbmal größer als der Mond, daher dauert die Totalität bei der längstmöglichen Finsternis (bei zentralem Durchgang) 100 Minuten. In dieser Zeit ist der Mond in einem «kupferfarbenen» Licht noch gut zu sehen; er macht einen plastischen Eindruck (Abb. 69). Der Mond wandert wie bei der Sonnenfinsternis von West nach Ost durch den Erdschatten. Die gesamte Verfinsterung mit den partiellen Teilen dauert etwa drei Stunden und vierzig Minuten. Es gibt natürlich auch Mondfinsternisse, die nur partiell verlaufen; das sind sogar die meisten. Wegen der irdischen Atmosphäre erscheint die Schattengrenze auf dem Mond nicht scharf.

Zusammenfassung

Der Mond läuft im Tierkreis nicht genau auf der jährlichen Sonnenbahn, der Ekliptik. Er weicht bei jedem Umlauf regelmäßig bis zu 5° nach oben und unten ab. Dieser Wechsel vollzieht sich unabhängig von den Mondphasen in den Mondknoten. Finsternisse finden statt, wenn der Mond in einem der beiden Knoten steht: Sonnenfinsternisse bei Neumond, Mondfinsternisse bei Vollmond. Die Mondknoten stehen im Tierkreis einander gegenüber und laufen innerhalb von 18,6 Jahren rückläufig um.

Die Mondknoten kopernikanisch gesehen

Die wechselnde Stellung des Mondes oberhalb und unterhalb der Ekliptik mit den Durchgängen in den Mondknoten ist vom kopernikanischen Standpunkt aus besser zu verstehen. Dazu muss das bisherige Weltbild etwas verfeinert werden.

Läge die Mondbahnebene genau in der Erdbahnebene (Ekliptikebene), gäbe es bei jedem Neumond eine Sonnenfinsternis und bei jedem Vollmond eine Mondfinsternis. Dem ist nicht so. Der Mond weicht, wie wir beobachten, bis zu 5° von der Sonnenbahn (Ekliptik) im Tierkreis ab. Daraus ist zu schließen, dass die Mondbahnebene zur Erdbahnebene um diesen Winkel geneigt ist. Die beiden zueinander geneigten Bahnebenen haben eine Schnittgerade, wir nennen sie die «Knotenlinie». In Abbildung 70 zeigt die Knotenlinie auf die Sonne zu – es gibt Finsternisse. Abbildung 71 zeigt die Situation ein Vierteljahr später: Die Knotenlinie steht quer, es gibt keine Finsternisse. In der Zeichnung ist der Neumond unter der Ekliptikebene und der Vollmond über der erweitert gedachten Ekliptikebene zu sehen. Noch ein Vierteljahr später wird die Knotenlinie wieder auf die Sonne zeigen, und es treten neue Finsternisse auf. Die Finsterniszeiten liegen im Jahreslauf einander gegenüber, sie sind also zeitlich ein halbes Jahr getrennt. Bei einer Sonnenfinsternis fällt der Schatten des Mondes auf die Erde; bei einer Mondfinsternis fällt der Schatten der Erde auf den Mond.

Die Angelegenheit ist jedoch noch etwas komplizierter: Die Mondknoten bleiben bekanntlich nicht an einer Stelle im Tierkreis stehen, das heißt, die Knotenlinie dreht sich um den Erdmittelpunkt. Diese Drehung geht entgegen dem Mondlauf im Uhrzeigersinn und dauert 18,6 Jahre. Würde diese Drehung nicht stattfinden, so wären Finsternisse immer nur zu bestimmten Jahreszeiten möglich.

Die Größe des Mondes

Sonne und Mond scheinen am Himmel nach Augenmaß gleich groß zu sein. Das ist der Grund für die kurze Dauer einer totalen Sonnenfinsternis. Es gibt jedoch auch Sonnenfinsternisse, die nicht total werden, weil der Mond zu klein ist. Man spricht dann von einer ringförmigen Sonnenfinsternis. Andererseits ist der Mond gelegentlich so groß, dass die Totalität bis zu 7 $^1/_2$ Minuten dauert. Der Mond ändert also tatsächlich seine Größe am Himmel. Das geschieht aber nicht im Laufe einer Nacht.

Mit bloßem Auge erkennt man diese feinen Änderungen nur, wenn Sonne und Mond zum Vergleich genau voreinander stehen. Dies können wir nicht durch ein Experiment erreichen. Wir müssen geduldig warten, bis es von selbst geschieht, und das ist selten genug. Durch größere Reisen auf der Erdkugel können wir nachhelfen, indem wir uns in die jeweilige schmale Totalitätszone der Sonnenfinsternis begeben.

Die Frage, ob der Mond tatsächlich im Laufe der Zeit einmal größer, einmal kleiner erscheint, kann also bejaht werden. Aber nur wenige Menschen können aus dem persönlichen Erleben davon berichten.

Die tatsächliche Größe des Mondes kann wie die der Sonne aus der Winkelgröße (ca. $^1/_2$ Grad) errechnet werden, wenn der Abstand des Mondes von der Erde bekannt ist. Diesen konnte man mithilfe von zwei auf der Erde weit voneinander aufgestellten Fernrohren herrausbekommen, weil sich die Blickrichtungen zum Mond als etwas verschieden herausstellten. Man kam auf eine Entfernung des Mondes von etwa dreißig Erddurchmessern – eine Strecke, die ein gesunder Mensch während eines Lebens zu Fuß

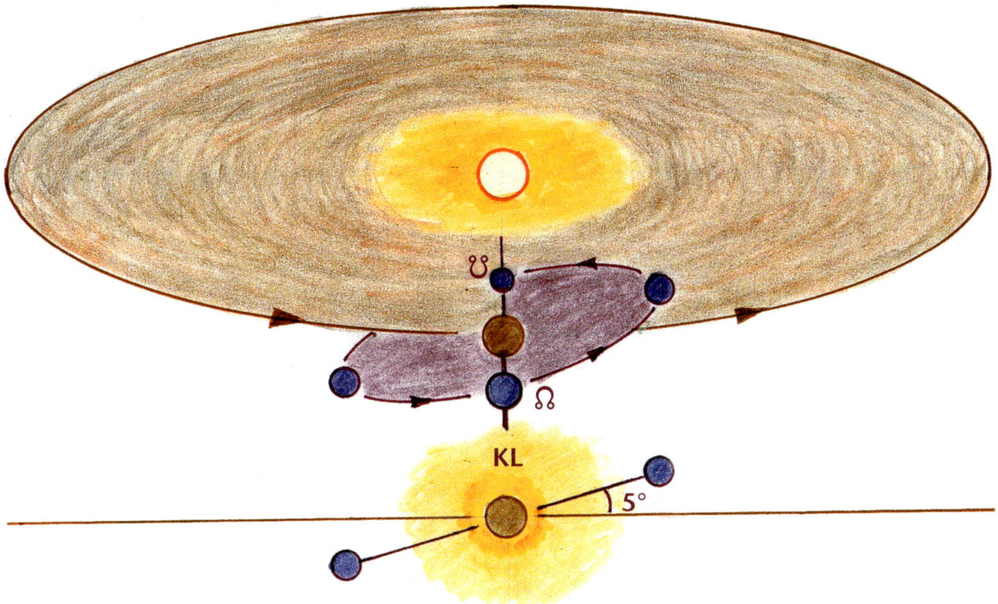

Abb. 70: Die Mondbahnebene (violett) ist zur Erdbahnebene (braun) um 5° geneigt. Die Knotenlinie KL zeigt auf die Sonne, es gibt Finsternisse. – Unten die Zeichnung im Seitenriss. Erde und Mond werden von der Schattenseite aus gesehen, daher dunkel.

Abb. 71: Die Mondbahnebene (violett) ist zur Erdbahnebene (braun) um 5° geneigt. Die Knotenlinie KL steht quer, es gibt keine Finsternisse. – Unten die Zeichnung im Seitenriss. Erde und Mond werden seitlich beleuchtet.

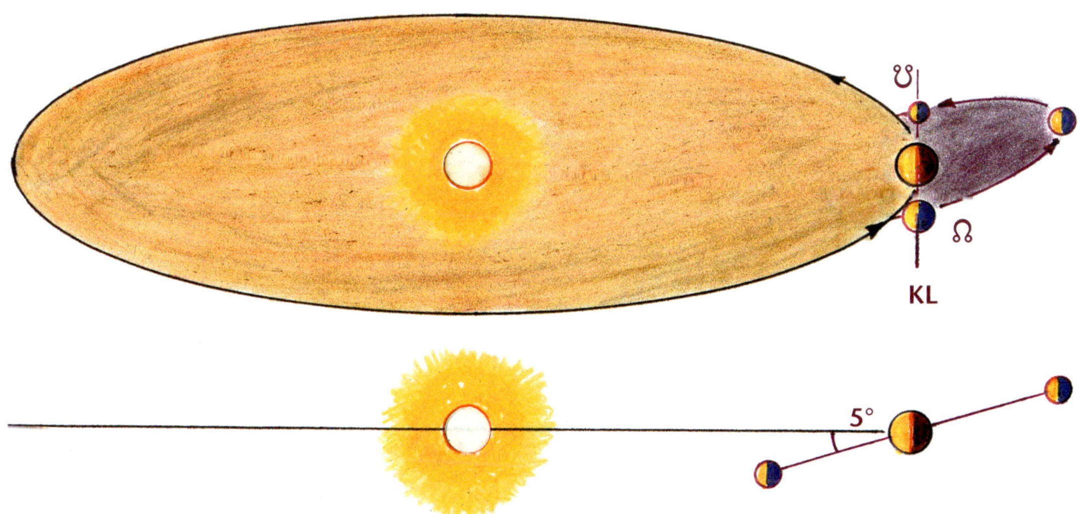

bewältigen kann. In jüngerer Zeit wurde die Messung mit einem Radargerät bestätigt. Daraus ergibt sich die tatsächliche Größe des Mondes selbst; sie beträgt etwas mehr als ein Viertel der Erde und ändert sich nicht.

Die Größen von Sonne und Mond sowie ihre Entfernungen von der Erde sind also so aufeinander abgestimmt, dass sie von der Erde aus nahezu gleich groß erscheinen. Man kann sich fragen, ob das ein Zufall ist oder ob man darin eine Absicht erkennen könnte. Ein Wunder ist es jedenfalls. – Weil die Sonne 400mal weiter weg ist als der Mond, muss sie auch 400mal größer sein als dieser.

Das scheinbare Größer- und Kleinerwerden des Mondes ist leicht durch ein Näherkommen und Entfernen zu erklären. Die Mondbahn um die Erde ist also auch kein exakter Kreis, sondern eine Ellipse. Die Keplerschen Gesetze gelten ebenfalls für den Mond: Der Mond bewegt sich auf einer Ellipse um die Erde, die in einem der beiden Brennpunkte steht. Es wechseln Mondnähe (Perigäum) und Mondferne (Apogäum) alle vierzehn Tage ab. Entsprechend wird der Mond in Erdferne langsamer sein und etwas kleiner als in Erdnähe. Dies kann bestätigt werden.

Eine lang dauernde Sonnenfinsternis können wir bei der Sonne im Aphel (im Sommer) und dem Mond im Perigäum erwarten. Bei umgekehrt liegenden Verhältnissen, also der Sonne im Perihel und dem Mond im Apogäum ist der Mond zu klein, um die Sonne ganz zu verdecken. Dann gibt es eine ringförmige Sonnenfinsternis.

Zusammenfassung

Die scheinbare Größe des Mondes pulsiert während eines monatlichen Umlaufes im Tierkreis um bis zu 14 % des Durchmessers. Daraus folgt: Auch der Mond beschreibt um die Erde herum keinen Kreis, sondern eine Ellipse. Die Ellipse der Mondbahn weicht sogar noch deutlicher vom Kreis ab als die Erdbahn. Der Mond variiert seine scheinbare Größe viermal so stark und zwölfmal so schnell wie die Sonne.

Wirkungen des Mondes

Der Mond hat einen mächtigen Einfluss auf das Wasser der Erde. Er ist der Urheber der Gezeiten, von Ebbe und Flut. Er zieht das Wasser der Ozeane an sich. Daher sammelt es sich unter ihm zu einem Flutberg. Weil sich die Erde dreht, wandert der Flutberg mit einer gewissen Verzögerung über die Erde: Der Höchststand der Flut wird zwei bis drei Stunden nach der Kulmination des Mondes beobachtet. Da aber der Mond zusätzlich in der gleichen Richtung um die Erde kreist, kommt die Flut wie er selbst an einem bestimmten Ort der Erde jeden Tag eine knappe Stunde später an.

Tatsache ist jedoch, dass täglich zweimal Flut beobachtet wird. Woher kommt der zweite Flutberg? Um diese Frage zu beantworten, müssen wir das «Gespann» Erde – Mond betrachten. Die Astronomen nennen es gern einen «Doppelstern». Genau genommen kreist der Mond nicht allein um die Erde, die Erde beantwortet das Kreisen des Mondes mit einem leichten Gegenkreisen um den gemeinsamen Schwerpunkt (Abb. 72).

Dieses doppelte Kreisen kann man modellhaft durch zwei verschieden große Kugeln darstellen, die durch ein Gummiband miteinander verbunden sind. Verdrillt man das Gummi (durch Rollen der größeren Kugel im Kreis, während die kleinere festgehalten wird) und überlässt dann die Kugeln sich selbst, so bewegen sie sich ähnlich wie Erde und Mond auf zwei Kreisen. Auf dem äußeren Kreis läuft die kleinere Kugel, der Mond, auf dem inneren die größere Kugel, die Erde. Durch diese zusätzliche Bewegung entsteht auf der dem Mond gegenüberliegenden Erdseite eine Zentrifugalkraft. Diese ist für den zweiten Flutberg verantwortlich. Zwei Kräfte, Anziehung und Zentrifugalkraft, zerren an der Erde, und das bewegliche Wasser auf ihr gibt etwas nach.

Die Drehung von Erde und Mond erfolgt um den gemeinsamen Schwerpunkt. Dieser liegt noch innerhalb der Erde. Streng genommen bewegt sich also die Erde leicht wellenartig schwingend um die Sonne.

Eine weitere Frage ist die nach der Wirkung des Mondes auf Menschen, Tiere, Pflanzen, auf alles Lebendige. Die

Beantwortung dieser Fragen würde den Rahmen dieses Buches übersteigen, und es ist darüber auch schon viel geschrieben worden.[16-18]

Das Osterdatum

Bei der Festsetzung des Osterfestes (im Jahre 325 in Nicäa) spielen Sonne und Mond eine wichtige Rolle. Drei Bedingungen müssen vor dem Fest erfüllt sein: Zunächst muss es kalendermäßig Frühling geworden sein, das heißt, die Sonne muss in die obere Hälfte des Tierkreises gerückt sein. Zweitens wird der nächste Vollmond abgewartet. Diesen nennt man den «Ostervollmond». Am Sonntag darauf kann dann das Auferstehungsfest gefeiert werden. Die Kurzregel heißt: Sonntag nach Vollmond nach Frühlingsanfang. So kann die Sonne am Auferstehungstag niemals durch den Mond verfinstert werden.

Ein Unterschied zwischen Sonne und Mond

Auf einen Unterschied zwischen Sonne und Mond sei noch aufmerksam gemacht. Der Leser wird bemerkt haben, wie kompliziert die Bewegungen des Mondes sind. Im Gegensatz dazu vollzieht die Sonne in aller Ruhe majestätisch ihre Bahn durch den Tierkreis.

Auf der Oberfläche des Mondes zeigt sich, auch bei genauester Beobachtung durch die Astronomen, praktisch keine Veränderung. Beim Beobachten der Sonne registrieren die Astronomen dagegen rege Veränderungen auf der Oberfläche, täglich, ja sogar stündlich und minütlich.

Die Sonne hat Leben auf der Oberfläche, während ihr Lauf von Ruhe geprägt ist; die Oberfläche des Mondes ist starr und leblos, während sein Lauf lebhaft und unruhig ist.

Es gibt jedoch auch Ausnahmen: Am 15.11.1953 fotografierte ein Amateur-Astronom auf dem Mond eine weiße Rauchwolke. Sie verschwand schnell wieder, und in astronomischen Fachkreisen rätselte man nach der Ursache. Erst 2003 fand man auf Bildern des am Mond abgesetzten Vehikels «Clementine» einen etwa 1,5 km großen Einschlagskrater dort, wo 50 Jahre vorher die Rauchwolke stand. Man nimmt an, dass der verursachende Brocken ca. 20 m Durchmesser hatte.

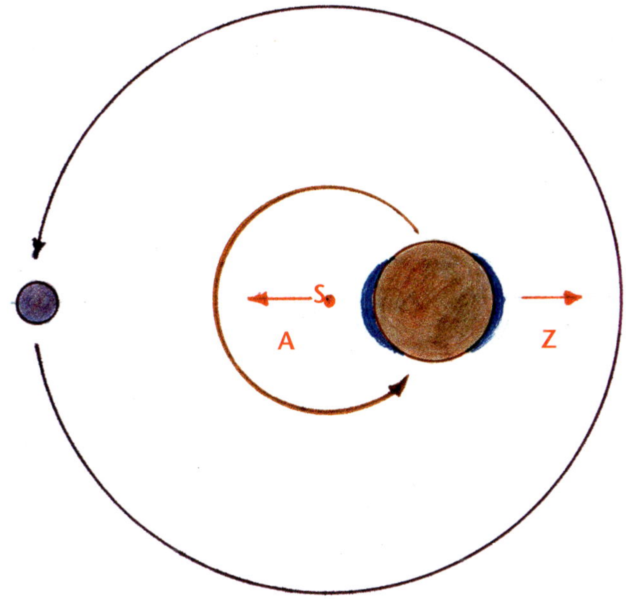

Abb. 72: Erde und Mond rotieren um den gemeinsamen Schwerpunkt S. Die Anziehungskraft A des Mondes und die Zentrifugalkraft Z der Erde ziehen die Flutberge hoch.

Vierter Teil: Planeten, Kometen und Meteore

Die Planeten

«Es gibt nichts Wunderbareres, nichts Schöneres, nichts, was die Weisheit des Schöpfers bei den Verständigen heller bezeugt, als die Bewegung der fünf Planeten.»

Johannes Kepler

Unter den 2.500 Sternen, die man in einer klaren Nacht sieht, sind bis zu fünf, die ihre Lage gegenüber den anderen Sternen verändern. Sie stehen immer im Tierkreis und haben ein besonders ruhiges Licht; sie nehmen am täglichen Umschwung teil. Das sind die «Planeten». Selten sieht man alle fünf auf einmal, auch vier oder drei nahe beieinander sind nicht gerade häufig.

Wegen des Wanderns unter den Fixsternen können die Planeten in keiner ständig gültigen Sternkarte eingetragen sein. Wer einen Stern im Tierkreis findet, der nicht in der drehbaren Sternkarte verzeichnet ist, dort also nicht «hingehört», kann sicher sein, einen Planeten zu sehen. Die Bewegungen sind langsam, aber stetig. Von einer Nacht zur anderen ist noch kaum eine Änderung festzustellen. Meistens wandern sie nach Osten (nach links) durch den Tierkreis, in der gleichen Richtung wie Sonne und Mond. Das nennt man «rechtläufig». Ihre Geschwindigkeiten schwanken jedoch deutlich. Ja, die Planeten ändern zeitweise sogar ihre Richtung und laufen wieder ein Stück zurück, «falsch» herum, Richtung Westen (nach rechts). Man spricht dann von einer «Rückläufigkeit». Auch die Planeten können so wie der Mond von der Ekliptik etwas abweichen, sie haben ebenfalls Knotenpunkte auf ihrer Bahn. Schließlich zeichnen sie die eigenartigen «Planetenschleifen» an den Himmel und verändern dabei ihre Helligkeit.

Jedem Planeten sind charakteristische Bewegungen zu eigen. Mars, Jupiter und Saturn zeigen Schleifenbewegungen jedes Mal dann, wenn sie in Opposition zur Sonne (also der Sonne gegenüber) stehen. Venus und Merkur machen auch Schleifen, sie stehen aber nie in Opposition zur Sonne. Diese beiden begleiten vielmehr die Sonne beim Jahreslauf durch den Tierkreis. Sie laufen eine Zeit lang der Sonne voraus, dann wieder der Sonne nach. Sie entfernen sich nie weit von ihr, sondern bleiben immer in Sonnennähe. – Die erste Gruppe (Mars, Jupiter und Saturn) nennt man die äußeren oder obersonnigen Planeten, die zweite (Venus und Merkur) die inneren oder untersonnigen.

Zusammenfassung

Die Planeten verändern ihre Position unter den Fixsternen. Sie halten sich jedoch stets in der Nähe der Ekliptik auf und ziehen gewöhnlich wie Sonne und Mond östlich durch den Tierkreis. Neu gegenüber Sonne und Mond ist die deutliche Veränderung der Umlaufgeschwindigkeit mit der zeitweisen Rückläufigkeit in den Schleifen sowie die Veränderung der Helligkeit.

In den folgenden Betrachtungen wird der tägliche Umschwung außer Acht gelassen, das heißt, die Bewegungen der drei obersonnigen Planeten, Mars, Jupiter und Saturn, werden auf den Fixsternhintergrund des Tierkreises bezogen.

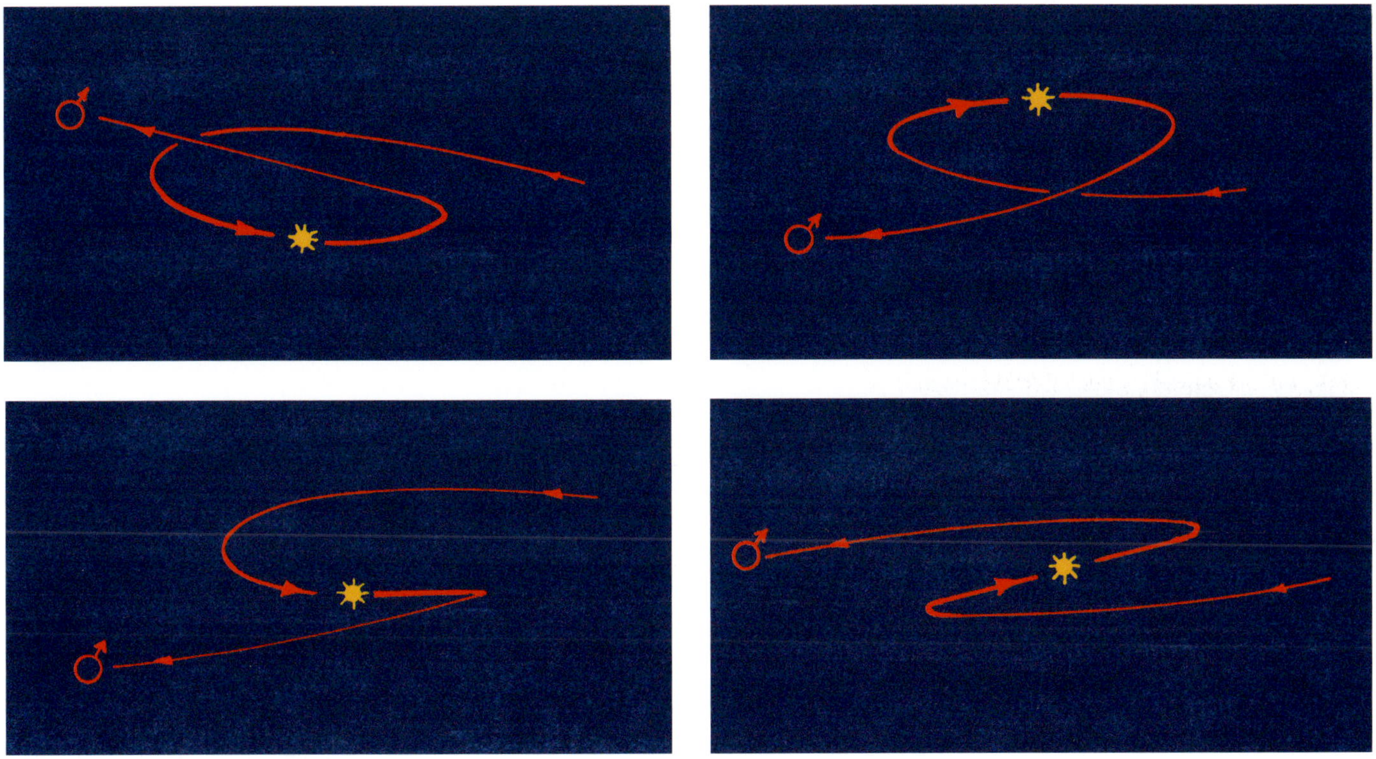

Abb. 73: Verschiedene Marsschleifen. In der Mitte der Rückläufigkeit strahlt der Planet in größter Helligkeit. Durch die verschieden stark gezeichnete Bahnkurve soll ein räumlicher Eindruck entstehen: Bei seiner größten Helligkeit steht der Planet der Erde am nächsten.

Mars

Mars wird als der Repräsentant des Kriegsgottes angesehen, er hat ein rötliches Licht und ist ein wahrer Könner im Schleifenmachen. An seinem Beispiel soll diese eigenartige Bewegung näher betrachtet werden. Mars bewegt sich im Durchschnitt etwa halb so schnell wie die Sonne, er braucht knapp zwei Jahre für einen Gang durch den Tierkreis. Er verlangsamt jedoch gelegentlich seine ohnehin geringe Geschwindigkeit, bleibt stehen und wandert dann ein Stück rückwärts, nach Westen (nach rechts) im Tierkreis, wird also rückläufig. Mitten in der Rückläufigkeit, gerade in Opposition zur Sonne, leuchtet er hell auf. Die ganze Nacht über steht er am Himmel und zeigt, was er kann. Da er in der Rückläufigkeit seine eigene Spur nicht mehr trifft, beschreibt der Mars eine Schleife. Die Variationen der Schleifenformen sind mannigfach. Einmal liegt die Schleife oben, dann unten, mal ist sie dick, mal dünn, steil oder flach. Gelegentlich wird es gar keine richtige Schleife, nur ein «S» oder ein «Z» (Abb. 73). Keine Marsschleife fällt genauso aus wie eine andere, kaum einmal bringt er eine symmetrische zustande.

Eine Marsschleife ist im Durchschnitt fünfzehn Grad lang, sie erstreckt sich also über etwa ein halbes Tierkreissternbild. Die Rückläufigkeit dauert zwei bis drei Monate. Betrachtet man das Ansetzen zur Schleife und das Ausklingen derselben dazu, so kommt man etwa auf ein halbes Jahr. So lange dauert der große Auftritt des Mars, und etwa alle zwei Jahre und zwei Monate wiederholt er sich.

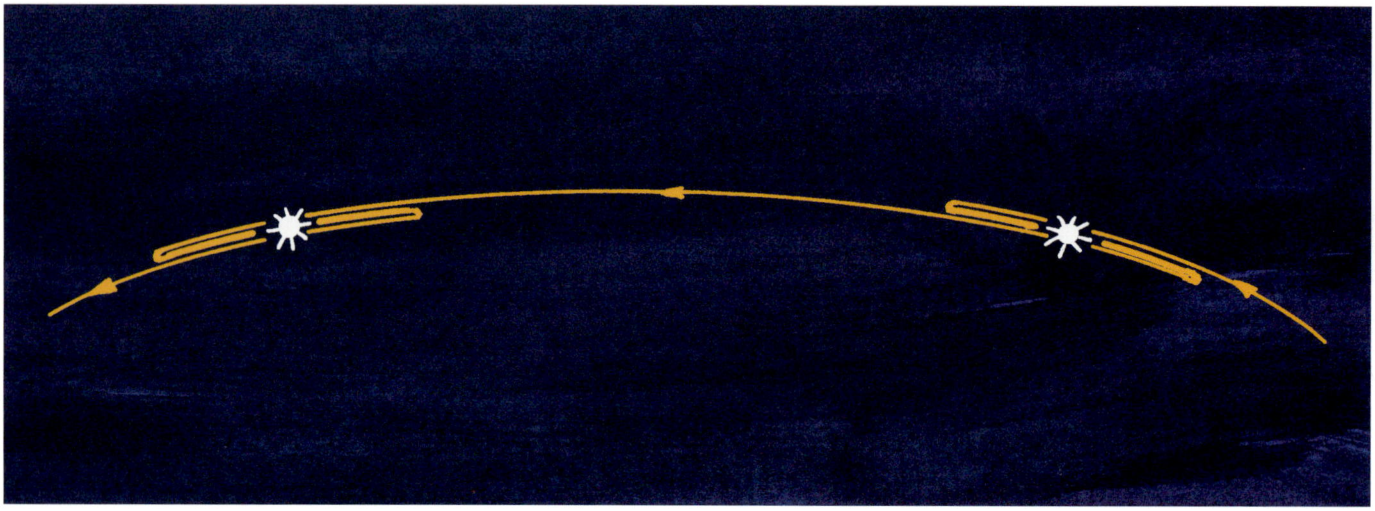

Abb. 74: Jupiterschleifen.

Wenn Mars mit einer Schleife fertig ist, nimmt sein Licht merklich ab; nur in den Abendstunden ist er noch zu sehen. Die Sonne ist nach der Opposition wie immer fast gleichmäßig weitergewandert und hat sich unversehens dem Mars «von hinten her» (von Westen) genähert. Mars bewegt sich wieder «rechtläufig» durch den Tierkreis. Durch die Rückwärtsbewegung hat er viel «Zeit verloren», zum Ausgleich wird er jetzt schneller und schneller. Aber so schnell wie die Sonne durch den Tierkreis zieht, gelingt ihm dies doch nicht. Die Sonne kommt dem Mars langsam näher, und schließlich verschwindet er in ihrem Glanz.

Die Sonne überholt den Mars in einer unsichtbaren Konjunktion. Mars zieht am Tag mit der Sonne über den Himmel. Den Mars zu überholen ist für die Sonne mühsam. Es dauert etwa ein halbes Jahr, bis er im heliaktischen Aufgang wieder neu zu sehen ist, jetzt am Morgenhimmel. Nur zögernd verstärkt sich sein Licht erneut, der Abstand von der Sonne wächst nach Westen hin, und er wird wieder langsamer, als ob er sich nach seinem erfolglosen Versuch, sich von der Sonne nicht überholen zu lassen, ausruhen wollte. Jetzt geht Mars schon um Mitternacht auf und hat damit bald eine neue große Zeit erreicht. Kurz nach Sonnenuntergang geht er schließlich in hellem Glanz auf und bleibt die ganze Nacht am Himmel. Die neue Schleife beginnt nach rund achtzehn Monaten der Unsichtbarkeit bzw. Unscheinbarkeit.

Nun will man natürlich bei einer solchen Marsschleife einmal zuschauen. Am besten benützt man jede Gelegenheit, die augenblickliche Situation in einer Skizze nach Augenmaß festzuhalten. Günstig ist es, wenn Mars seine Schleife in der Nähe eines auffallenden Sternes aus dem Tierkreis vollzieht. Das war z.B. Anfang 1997 der Fall. Damals zog Mars eine Schleife in der Nachbarschaft von Regulus im Löwen. Etwa zwei Jahre später kam die nächste Schleife in die Nähe von Spika in der Jungfrau, und man konnte wieder gut zusehen. 2001 zog Mars seine Schleife in der Nähe von Antares im Skorpion. Der Blick in einen Sternkalender[20-24] informiert, wann und wo Mars im Tierkreis wieder eine Schleife zieht. Eine Faustregel heißt: Alle zwei Jahre im Tierkreis eineinhalb Sternbilder weiter. Mars verhält sich jedoch recht unregelmäßig in seinem Gang.

Mars hat sein Licht wie die Erde und der Mond von der Sonne, er leuchtet nicht selbst.

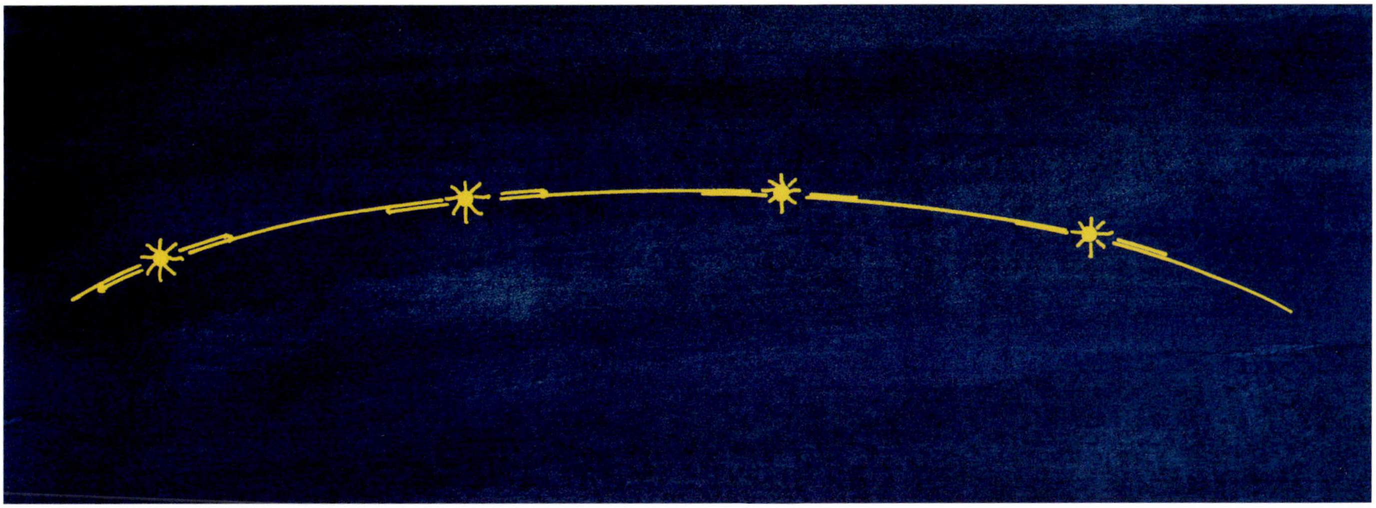

Abb. 75: Saturnschleifen.

Jupiter

Jupiter hat als Göttervater ein majestätisches, weißes Licht. Seine Helligkeit kann mit Sirius verglichen werden. Wie Mars macht er, wenn die Sonne in Opposition zu ihm steht, eine Schleife. Dabei bewegt er sich fast auf der gleichen Bahn zurück, auf der er kam, er bleibt stets sehr nahe an der Ekliptik. Seine Schleifen sind also flacher und kleiner als die von Mars, nur zehn Grad sind sie lang. Vier Monate dauert seine Rückläufigkeit. Der zeitliche Abstand der Schleifen beträgt recht genau ein Jahr und einen Monat. Jedes Jahr zieht er im Tierkreis ein Sternbild weiter östlich eine Schleife. Die Schleifenbewegung des Jupiters ist nicht so spektakulär wie die von Mars, auch seine Helligkeitsänderung ist nicht so krass. Wird er von der Sonne überholt, verschwindet er für zwei Monate im Sonnenlicht, anschließend sieht man ihn wieder fast ein Jahr lang gut. Zu einem ganzen Umlauf im Tierkreis braucht er zwölf Jahre. Er geht jeweils vier Schritte vorwärts und einen Schritt zurück; zwischen den Schleifen liegen zwei Vorwärtsschritte. Jupiter scheint die Ordnung zu schätzen (Abb. 74). Mit einem besseren Feldstecher kann man das Spiel seiner vier größeren Monde beobachten.

Saturn

Saturn ist im Griechentum der Vater des Jupiter, der Chronos, Bringer der Zeit. Er hat ein fahles Licht, das seine Intensität wenig verändert. Seine Leuchtkraft kommt an die des Jupiters nicht heran. Zu einem Umlauf im Tierkreis benötigt er dreißig Jahre, somit bleibt er in einem Tierkreisbild gemächlich zweieinhalb Jahre.

Saturn ist also recht langsam und macht gewissermaßen den Eindruck eines alten Gesellen. Wie Jupiter vollführt auch er alle dreizehn Monate eine Schleife. Die Saturnschleifen verdienen aber diesen Namen kaum, sie sind flach und eng, noch kleiner als bei Jupiter; nur sechs Grad Spannweite haben sie und liegen eng aneinander. Es handelt sich lediglich um ein Vor- und Zurückgehen in der gleichen Spur. Fast fünf Monate dauert die Rückläufigkeit. Man hat den Eindruck, dass Saturn drei Schritte nach vorn macht, dann einen zurück (Abb. 75).

Mit einem etwas besseren Fernrohr erkennt man seinen eigenartigen Ring.

Abb. 76: Venus als Abendstern.

Venus

Die Bewegungen der untersonnigen Planeten, Venus und Merkur, die wir im Folgenden betrachten wollen, werden nicht auf den Fixsternhintergrund bezogen wie die obersonnigen, sondern auf die Sonne. Dies hat einen rein praktischen Grund.

Der Sitz der Liebesgöttin ist der Planet Venus. Sie verhält sich am Himmel anders als die eben geschilderten äußeren Planeten. Venus hält sich immer in einem größeren oder kleineren Abstand von der Sonne auf, niemals erreicht sie eine Opposition zu ihr. Es gibt Zeiten, in denen sie nach Sonnenuntergang als hellster Stern im Westen glänzt, und andere, wo sie ebenso prächtig vor Sonnenaufgang im Osten steht. Dabei strahlt sie so kräftig wie kein anderer Stern. Auf Schnee kann man Schatten vom Licht der Venus ahnen. Sie ist sogar am helllichten Tag gelegentlich als ein weißes Pünktchen zu sehen.

Venus ist abwechselnd Abendstern und Morgenstern. Sie beginnt eine Abendsternperiode zaghaft, indem sie sich zunächst nur kurze Zeit nach Sonnenuntergang relativ schwach leuchtend am westlichen Abendhimmel zeigt. Mit der langsamen Vergrößerung des Abstandes zur Sonne nach Osten hin verlängert sich die Sichtbarkeit, und die Leuchtkraft nimmt zu. Nach etwa fünf Monaten hat Venus den größtmöglichen Abstand von der Sonne erreicht. Man nennt diese Stellung die größte östliche «Elongation». Jetzt leuchtet sie unübersehbar hell bis zu vier Stunden nach Sonnenuntergang am westlichen Abendhimmel (Abb. 76).

Nach dem mühsam gewonnenen Abstand von der Sonne am Himmel wird er verhältnismäßig rasch wieder geringer, zugleich auch die Sichtbarkeitsdauer. Einen

Abb. 77: Venus als Morgenstern.

Monat nach der größten Elongation hat Venus ihren allerhellsten Glanz erreicht. Im folgenden Monat lassen die Helligkeit und die Sichtbarkeitsdauer rapide nach. Schließlich ahnen wir die Venus noch für kurze Zeit knapp über dem Westhorizont in der Abenddämmerung, wenige Tage später ist sie im Sonnenglanz verschwunden. Eine über sieben Monate während Abendsternperiode der Venus ist beendet.

Nach nur drei Wochen der Unsichtbarkeit in unmittelbarer Sonnennähe (Konjunktion) erscheint Venus als Morgenstern wieder, jetzt im Osten vor Sonnenaufgang. Als Frühaufsteher freuen wir uns wieder über das frische, helle Licht dieses Planetensterns. Nach einem Monat hat Venus ihre größtmögliche Helligkeit als Morgenstern erreicht. Nach einem weiteren Monat geht sie in der größten westlichen Elongation vier Stunden vor der Sonne auf (Abb. 77).

Genauso lange wie Venus zuvor als Abendstern der Sonne im täglichen Umschwung nachzog, zieht sie jetzt im täglichen Umschwung vor der Sonne her. Sieben Monate lang bleibt Venus Morgenstern. Aber langsam lässt ihr Glanz nach, und der Abstand von der Sonne wird geringer, bis sie im Licht der aufgehenden Sonne wieder verschwindet. Die Morgensternperiode ist beendet. Der Übergang zur neuen Abendsternperiode geschieht während einer wesentlich längeren, dreimonatigen Pause der Unsichtbarkeit.

Venus pendelt um die Sonne. Dabei zeigt sie eine gewisse Symmetrie in der Bewegung: Der rasche Übergang vom Abend- zum Morgenstern wird von den beiden Phasen größter Helligkeit und längster Sichtbarkeit eingerahmt. Innerhalb von knapp fünf Monaten spielt sich ab: längste Abendsichtbarkeit, größte Helligkeit als Abendstern, unsichtbarer Wechsel, größte Helligkeit als Morgenstern, längste Morgensichtbarkeit. Der langsame Übergang vom Morgen- zum Abendstern ist wesentlich weniger spektakulär eingerahmt von den beiden Zeiten der lichtschwachen und kurzen Sichtbarkeiten der Venus. Ein ganzer Venuszyklus dauert etwa 19 Monate.

Der größtmögliche Abstand der Venus von der Sonne nach Osten (Abendsternposition) und nach Westen (Morgensternposition) ist jeweils 48 Grad. In diesem 96 Grad (2 x 48°) breiten Winkelraum östlich und westlich der Sonne wechselt sie ständig hin und her. Wenn man das zusätzliche Weiterziehen der Sonne im Tierkreis dazunimmt, entsteht das Bild eines Hundes, der seinen spazierengehenden Herrn begleitet: Einmal ist das Tier (Venus) östlich voraus, dann wieder bleibt es westlich zurück. Ständig wiederholt sich dieses Spiel. Dabei wird klar, warum die Begegnung (Konjunktion) von West nach Ost länger dauert, denn Venus läuft in diesem Fall der Sonne nach und muss sie erst einholen, dann überholen. Umgekehrt, bei der Bewegung von Ost nach West, kommt die Sonne der Venus entgegen, und die beiden Gestirne laufen schnell aneinander vorbei.

Venus steht wie alle Planeten teils über und teils unter der Ekliptik. Diese Abweichungen finden bei ihr in einem besonders starken Maß statt (bis zu 10°). Zusätzlich ändert der Tierkreis, wie geschildert, seine Steilheit. Daraus folgt: Die Höhe über dem Horizont und damit die Beobachtungsmöglichkeit ändern sich während eines jeden Auftrittes ständig und bilden immer neue Varianten. Besonders hoch steht Venus, wenn sie im Frühling Abendstern oder im Herbst Morgenstern ist. In diesen Situationen verkürzen sich die Zeiten der Unsichtbarkeit bei den Konjunktionen. Manchmal ist Venus sogar für wenige Tage gleichzeitig Abend- und Morgenstern.

Bei Venus ist die Position zur nahen Sonne stärker maßgebend als die Stellung im Tierkreis. Aus diesem Grund wurde die Sonne als Bezugspunkt verwendet. Ein Mathematiker würde sagen, die Sonne ist der geeignete Ursprung (Nullpunkt) des Koordinatensystems zur Beschreibung der Venusbewegungen. Abbildung 78 zeigt beispielsweise Jahresbewegungen. Diese Spur variiert von Jahr zu Jahr sehr stark. Durch die Kombination des Hin- und Hergehens einerseits und des Auf- und Absteigens andererseits entstehen ähnliche Schleifen vor dem Fixsternhimmel wie beim Mars. Sie treten jedoch nicht so deutlich in den Vordergrund, weil man die Fixsterne in der Umgebung wegen der Sonnennähe schlecht erkennt.

Gewöhnlich geht Venus beim Wechsel vom Abendstern zum Morgenstern oberhalb oder unterhalb der Sonne vorbei, ähnlich wie der Mond. Wenn Venus ausnahmsweise doch einmal die Sonne genau trifft (es gibt auch «Venusknoten»), also versucht, eine Sonnenfinsternis zu bewirken, so gelingt ihr das nicht, sie ist einfach zu klein dazu bzw. zu weit weg von der Erde. Man sieht einen kleinen schwarzen Punkt vor der Sonne vorbeiziehen. Diese Erscheinung wird «Venusdurchgang» genannt. Solche «Treffer» der Venus sind außerordentlich selten (sechzehn in einem Jahrtausend). Im vergangenen Jahrhundert gab es keinen einzigen. Am 8. Juni 2004 fand so ein Schauspiel statt. Der nächste Durchgang wird 2012 erwartet. Mit einem guten Feldstecher kann man ihn beobachten. Dazu müssen natürlich wieder die beiden Objektivlinsen mit einer stark absorbierenden Folie[1] abgedeckt werden, damit die Augen entsprechend geschützt sind.

Ein solcher Venusdurchgang zeigt aber noch etwas anderes: Der Planet ist beim Durchgang schwarz wie der Neumond bei der Sonnenfinsternis. Wir sehen die unbeleuchtete Seite der Venus bei ihrem Durchgang durch die Sonne, sozusagen eine «Neu-Venus». Daraus erkennen wir, dass Venus kein eigenes Licht hat. Sie bekommt ihr Licht von der Sonne wie Erde, Mond und die anderen Planeten.

Es taucht die Frage auf, ob bei der Venus auch die anderen Phasen zu sehen sind. Ja, das ist tatsächlich der Fall. Mit einem einfachen Fernrohr kann man es beobachten: Venus zeigt alle Phasen, sie ist ein kleiner Mond.

Abb. 78: Drei Venusbahnen in Bezug auf die Sonne. Die stark ausgezogene Bahn ist vor der Sonne, die dünne hinter der Sonne zu denken. Links ist die Abendsternseite, rechts die Morgensternseite.

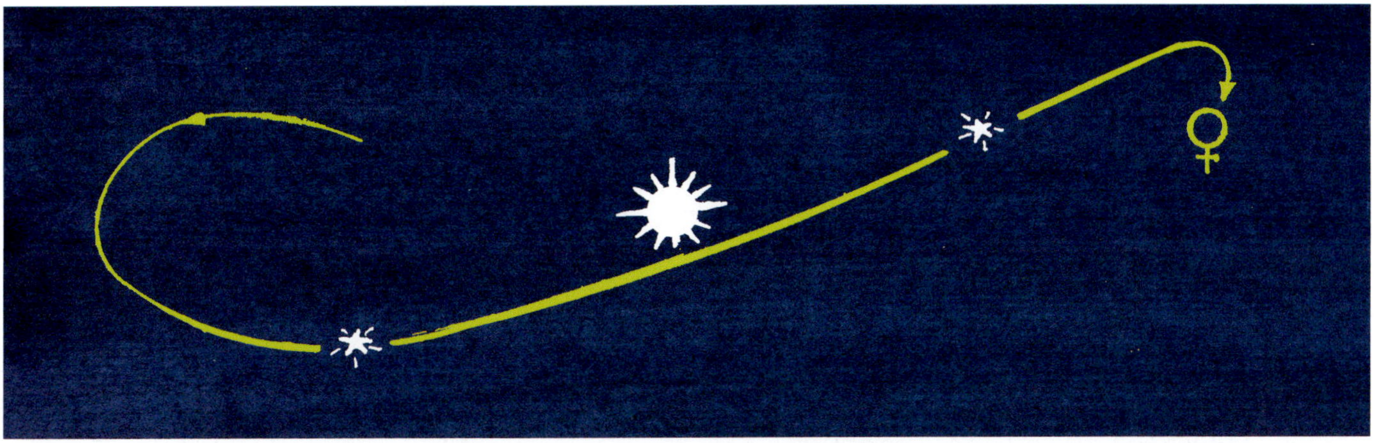

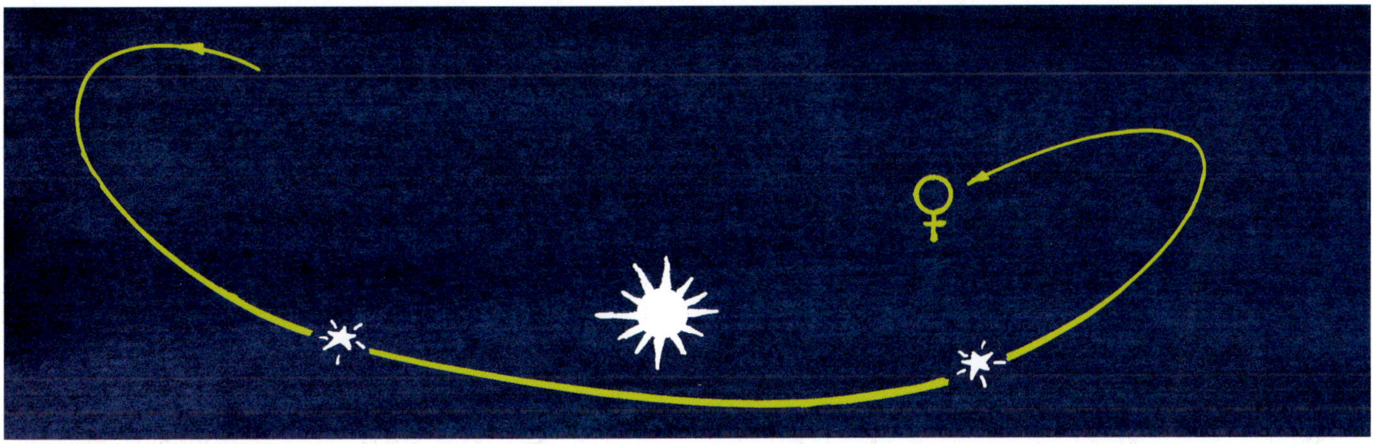

Merkur

Ähnlich wie Venus verhält sich auch Merkur, nur unruhiger. Er ist der Götterbote und wechselt wesentlich schneller von der Abend- zur Morgenseite und zurück, dreimal im Jahr. Merkur ist der schnellste Planet im Tierkreis, nur der Mond ist noch schneller. Aus dem Glanz der Sonne heraustretend, zeigt er sich jeweils nur wenige Tage. Er umtänzelt gleichsam die Sonne. Seine größte Elongation beträgt nur 28 Grad, etwas mehr als die Hälfte der größten Elongation von Venus. Daher ist er stets nur in der Dämmerungszeit zu sehen und nur dann, wenn er über der Ekliptik steht. Man nennt ihn den «Planeten des Zwielichtes». Einen Morgen- oder Abendstern kann man den unruhigen und scheuen Gesellen nicht nennen. Es gibt viele Menschen, die den Merkur noch nie bewusst gesehen haben. In Sternkalendern sind oft Hinweise, wie man diesen Planeten leichter findet. Es gibt auch Merkurdurchgänge durch die Sonne; im Jahrhundert sind es durchschnittlich zwölf. Johannes Kepler nannte den Merkur den «Mond der Sonne».

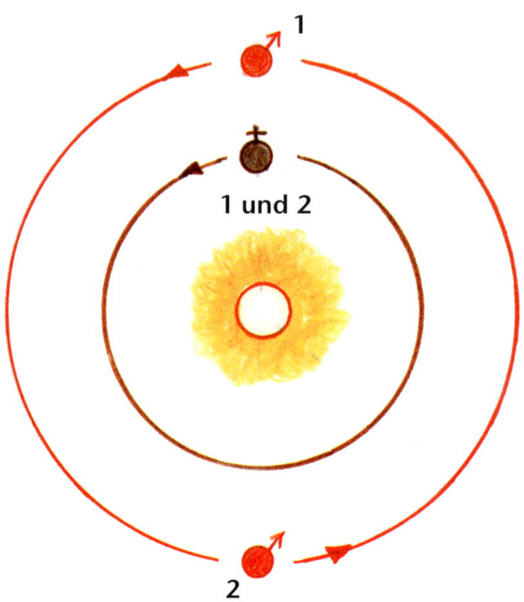

Abb. 79: Erde und Mars umlaufen die Sonne, Mars halb so schnell wie die Erde.
Position 1: kleinster Abstand der Planeten, Sonne und Mars in Opposition.
Position 2: größter Abstand der Planeten, Sonne und Mars in Konjunktion.

Zusammenfassung

Die Schleifen der obersonnigen Planeten Mars, Jupiter und Saturn liegen in Opposition zur Sonne. In der Mitte der Rückläufigkeit haben sie ihre größte Helligkeit. Bei Mars fallen die Schleifen am deutlichsten aus, er macht etwa alle zwei Jahre eine. Jupiter und Saturn ziehen jedes Jahr eine Schleife, die aber beide sehr flach ausfallen.

Die inneren oder untersonnigen Planeten Venus und Merkur begleiten stets die Sonne. Venus strahlt als der helle Abend- und Morgenstern. Merkur ist in der Dämmerung nahe der Sonne schwer und immer nur kurz zu sehen. Die größten Elongationen von Venus und Merkur betragen 48° bzw. 28°. Eine Oppositionsstellung zur Sonne ist nicht möglich, dafür treten bei jedem Umlauf zwei unsichtbare Konjunktionen mit der Sonne auf, eine obersonnige und eine untersonnige. Die beiden inneren Planeten sieht man nie im Süden und nie um Mitternacht.

Die obersonnigen Planeten kopernikanisch gesehen

Die Bewegungen der Planeten im Tierkreis sind bisher rein phänomenologisch geschildert worden. Um die rätselhafte Erscheinung der Schleifenbildung zu verstehen, ist es vorteilhaft, in das kopernikanische System überzuwechseln.

Die geschilderten Abläufe lassen sich erklären, wenn wir uns wieder die Sonne stillstehend in der Mitte vorstellen und die Erde darum kreisend. Der Einfachheit halber sprechen wir weiterhin von einem Kreis, obwohl wir wissen, dass es

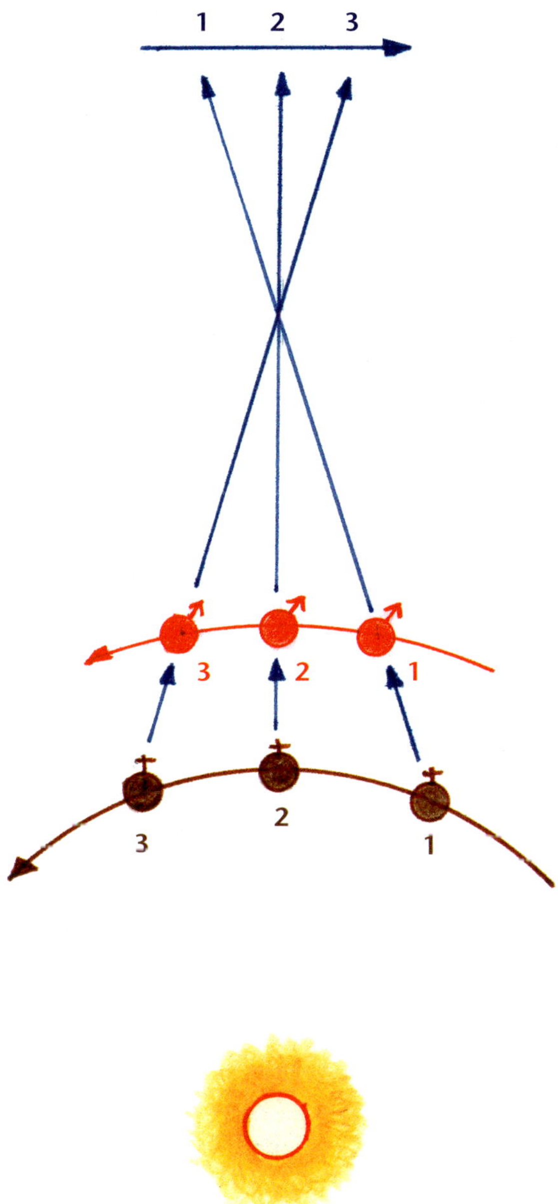

Abb. 80: Die Erde überholt den Mars. Blau gezeichnet sind die Blickrichtungen von der Erde zum Mars: Im Tierkreis scheint Mars rückwärts zu laufen.

sich um eine vom Kreis geringfügig abweichende Ellipse handelt. Auch die Erde ist ein Planet.

So wie die Erde «kreisen» auch die anderen Planeten um die Sonne. Die Marsbahn müssen wir uns außerhalb der Erdbahn vorstellen. Auf noch weiter außen liegenden Bahnen «kreisen» Jupiter und schließlich Saturn. Jetzt ist verständlich, warum man die eben genannten drei Planeten die «äußeren» nennt. Die Umlaufzeiten wachsen mit den Abständen von der Sonne. Die Erde hat ein Jahr Umlaufzeit, der Mars knapp zwei Jahre, Jupiter zwölf Jahre und Saturn dreißig. Dies sind ungefähre Zahlenangaben; nur der Erdumlauf mit einem Jahr ist exakt, man hat ihn als Zeitmaß genommen. Die Bahnen dieser Planeten liegen fast, nicht ganz genau in der Erdbahnebene.

Es war Johannes Kepler, der den exakten Zusammenhang zwischen den Umlaufzeiten der Planeten und ihren mittleren Entfernungen von der Sonne als Erster feststellen konnte: Die Quadrate der Umlaufzeiten zweier Planeten verhalten sich wie die Kuben ihrer mittleren Entfernungen von der Sonne (drittes Keplersches Gesetz).

Mars macht die großartigsten Schleifen. Wir wollen die Planetenschleifen an seinem Beispiel studieren. Die Ergebnisse lassen sich dann leicht auf Jupiter und Saturn übertragen. Dabei sind drei Erscheinungen zu erklären: erstens die große Leuchtkraft in Opposition zur Sonne, zweitens die Tatsache der Rückläufigkeit, drittens das Auseinanderziehen der Bahn nach oben und unten zu einer Schleife.

Die Erde überholt wegen ihrer doppelt so großen Umlaufgeschwindigkeit den weiter außen laufenden, langsameren Mars etwa alle zwei Jahre. Während des Überholmanövers zwischen überholender Erde und überholtwerdendem Mars steht dieser von der Erde aus gesehen in Opposition zur Sonne (Abb. 79). Erde und Mars stehen so nah wie sonst nie zusammen. Die Folge: Mars wird von der Erde aus in der größtmöglichen Helligkeit gesehen. Im August 2003 hatte Mars zur Oppositionszeit zusätzlich die kleinste Entfernung von der Sonne (wegen der ellipsenförmigen Bahn), daher war er ganz besonders nah an der Erde. Er strahlte ungewöhnlich hell! Damit ist der erste Teil des Schleifen-Phänomenes erklärt.

Wer im Zug einen anderen, langsamer fahrenden Zug überholt und nur auf diesen schaut, kann den Eindruck

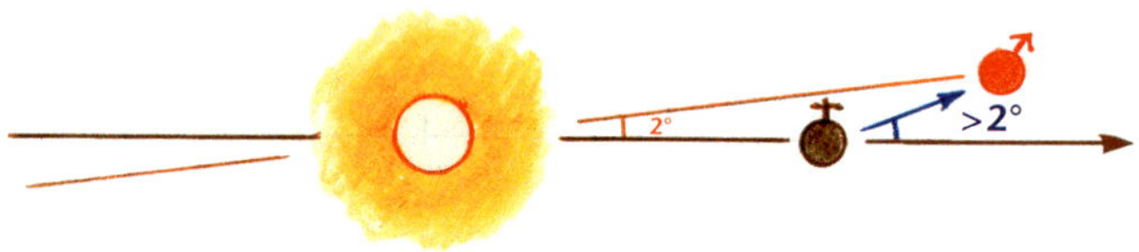

Abb. 81: Braun: Erdbahnebene (Ekliptik); rot: Marsbahnebene; blau: Blickrichtungen. Der Winkel zwischen den Blickrichtungen ist größer als der Winkel zwischen den Bahnebenen.

haben, der andere Zug führe rückwärts. So ist es auch beim Mars. Wir überholen mit der Erde diesen «Bummler», und daher scheint er sich während dieser Zeit gegenüber dem fernen Fixsternhimmel rückwärts zu bewegen. In Abbildung 80 ist dies deutlich gemacht. Die Pfeile zeigen die Blickrichtungen von der Erde zum Mars an. Das Ergebnis: Von Position 1 bis Position 3 bewegt sich Mars scheinbar rückwärts durch den Tierkreis. Die Bewegung des langsameren Nachbarn Mars erscheint uns von der schnelleren Erde aus beim Überholen wie eine Rückwärtsbewegung. Damit ist der zweite Teil der Planetenschleifen verstanden.

Es bleibt noch zu klären, warum Mars nicht in der gleichen Spur zurückgeht, sondern seinen Weg höher oder tiefer sucht und dadurch eine Schleife zieht. Bis jetzt ist stillschweigend vorausgesetzt, dass die beiden Bahnebenen von Erde und Mars zusammenliegen, denn sie wurden in Abbildung 79 auf ein und dasselbe Papier gedruckt. Tatsächlich liegen diese beiden Ebenen aber nicht genau aufeinander; zwischen ihnen besteht ein Winkel von zwei Grad. Wir kennen solch einen Sachverhalt bereits vom Mond, dessen Bahnebene zur Erdbahnebene um fünf Grad geneigt ist. Dies ist der Grund für das Emporsteigen des Mondes über die Ekliptik und das Absinken darunter.

Die Marsbahnebene ist zwar nicht so stark wie die der Mondbahn zur Erdbahnebene geneigt, Mars kommt aber in der Oppositionsstellung zur Sonne recht nahe an die Erde heran, daher erscheint die Abweichung des Mars von der Ekliptik beachtlich (Abb. 81) – die Marsbahn wird zur Schleife auseinander gezogen. Man muss die Marsschleife

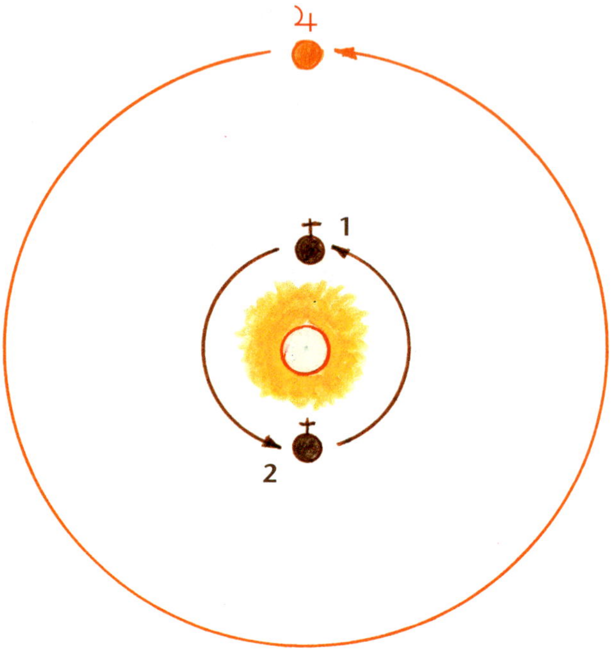

Abb. 82: Die Erde nahe bei Jupiter und dieser in Opposition zur Sonne (1). Die Erde fern von Jupiter und dieser in Konjunktion zur Sonne (2). Die Entfernungsunterschiede Erde – Jupiter sind nicht so groß wie zwischen Erde und Mars.

räumlich sehen. Dies ist durch eine feinere und stärkere Strichführung in der Abbildung 73 versucht worden.

Damit sind die drei Phänomene der Marsschleifen erklärt. Bei Jupiter und Saturn handelt es sich im Grunde genommen um die gleichen Vorgänge.

Die erwähnten Unregelmäßigkeiten des Mars erklären sich aus der Tatsache, dass seine Bahn kräftig von der Kreisform abweicht. Die Marsbahn ist eine deutliche Ellipse. Wieder steht in dem einen Brennpunkt die Sonne. Alle drei Keplerschen Gesetze gelten auch für Mars und die übrigen Planeten.

Jupiter bewegt sich auf einer wesentlich weiter außen liegenden Bahn. Das hat zur Folge, dass seine Lichtintensität sich nicht in dem Maß verändern kann wie bei Mars, denn der Unterschied zwischen Nahstellung zur Erde und Fernstellung ist nicht so stark ausgeprägt. (Man beachte: Die Abbildungen 79 und 82 sind in unterschiedlichen Maßstäben gezeichnet.) Aus der größeren Entfernung des Jupiters erklärt sich rein perspektivisch die kürzere Rücklaufstrecke des Planeten während der Schleife. Die Schleife wird nach oben und unten kaum auseinander gezogen. Also haben wir die gleichen Erscheinungen wie bei Mars, aber deutlich abgeschwächt.

Saturn ist der äußerste mit bloßem Auge sichtbare Planet. Die Entfernung von der Sonne und der Erde ist noch einmal bedeutend größer. Damit verringert sich der Entfernungsunterschied zur Erde in Opposition und Konjunktion zur Sonne. Daraus erklärt sich der recht schwache Helligkeitsunterschied. Wegen der noch größeren Entfernung ist die Spanne der Schleife noch einmal kleiner. Saturns Bahnebene ist zwar zur Erdbahn um zweieinhalb Grad geneigt, trotzdem sind seine Schleifen sehr flach. Der geringe Abstand der Schleifen folgt aus der noch langsameren Bewegung Saturns auf seiner Umlaufbahn.

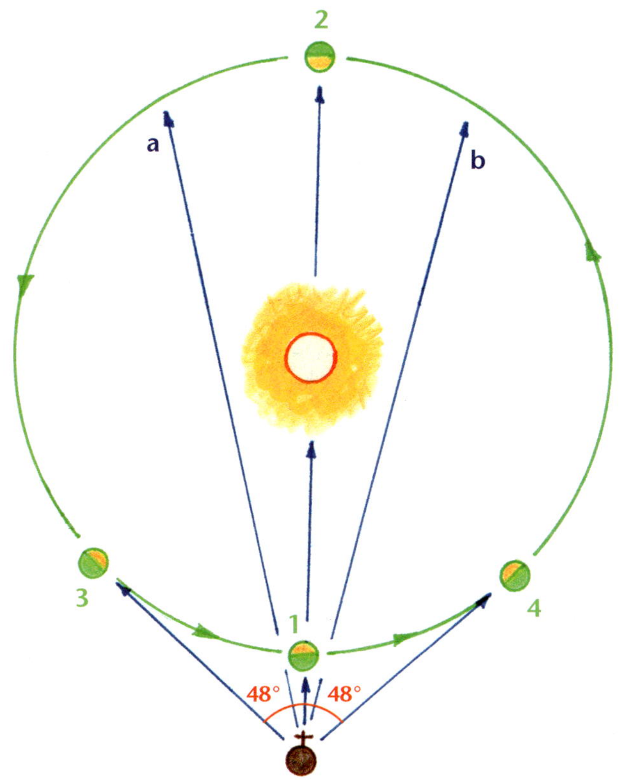

Abb. 83: Bahn der Venus um die Sonne.
Position 1: Untere Konjunktion. Position 2: Obere Konjunktion. Position 3: Größte Elongation als Abendstern. Position 4: Größte Elongation als Morgenstern. Die Linien a und b begrenzen den Blendwinkel der Sonne.

Die untersonnigen Planeten kopernikanisch gesehen

In kopernikanischer Betrachtungsweise ergibt sich folgendes Bild: Als Nachbarin der Erde nach innen, zur Sonne hin, zieht Venus ihre nahezu kreisförmige Bahn deutlich schneller als die Erde: Ein Umlauf dauert nur 225 Tage (etwa zwei Drittel eines Jahres). Aus Abbildung 83 ist sofort verständlich, dass Venus von der Erde aus gesehen niemals gegenüber der Sonne stehen kann. 48° nach beiden Seiten ist ihr größtmöglicher Abstand. Die größten «Elongationen» liegen auf den Tangenten von der Erde aus an die Venusbahn.

Noch einmal wird klar, warum die Zeiten der Unsichtbarkeit so verschieden lang sind. Es gibt eine obere und eine untere Konjunktion. Einmal zieht Venus von der Erde aus gesehen vor der Sonne vorbei, dann hinter ihr. Wir sehen sie in beiden Fällen im Licht der hellen Sonne verschwinden, aber für unterschiedlich lange Zeit. Der Seitenwechsel vor der Sonne dauert wegen ihrer Nähe zur Erde (ein Viertel der Entfernung Erde – Sonne) kurze Zeit. Wenn Venus in größtem Abstand hinter der Sonne vorbeizieht, dauert es wesentlich länger, denn sie hat einen größeren Weg auf ihrer Bahn zurückzulegen, um wieder aus dem Blendwinkel der Sonne herauszukommen.

Eine andere Frage ist die nach der Helligkeit. Venus bekommt ihr Licht wie der Mond von der Sonne. Daher besitzt sie Phasen wie der Mond. Das ist aus der Zeichnung abzulesen. Ihre größte Helligkeit für Beobachter auf der Erde hat Venus, wenn sie einerseits relativ nahe an der Erde steht und andererseits eine nicht allzu schmale Sichelgestalt angenommen hat. Dies ist etwa in der Mitte zwischen einer größten Elongation und der unteren Konjunktion der Fall.

Dass Venus nicht immer, ja sogar sehr selten genau vor der Sonne vorbeigeht, hat seine Ursache in der Neigung der Venusbahnebene zur Ekliptikebene, die dreieinhalb Grad beträgt. Von der Erde aus gesehen kann der Abstand der Venus in der unteren Konjunktion von der Ekliptik bis zu 10 Grad betragen. Eine entsprechende Erklärung wurde bei den Ausführungen zum Mars gegeben (Abb. 81).

Merkur ist der innerste, sonnennächste Planet. Er umkreist die Sonne entsprechend rasch in 88 Tagen; das ist etwas weniger als ein Vierteljahr. Er kann sich der Erde nicht so weit nähern wie Venus. Das von Venus Geschilderte gilt auch für Merkur. Die Tangenten von der Erde aus an seine Bahn lassen ihm maximal nur 28° Abstand von der Sonne nach beiden Seiten. Seine Bahnneigung ist mit sieben Grad verhältnismäßig groß. Die Merkurbahn weicht von allen hier behandelten Planetenbahnen am deutlichsten von der Kreisform ab.

Zusammenfassung

Das kopernikanische System besagt: Um die Sonne als ruhendes Zentrum kreisen der Reihe nach Merkur, Venus, Erde, Mars, Jupiter und Saturn. Zwischen den äußeren und den inneren Planeten ist die Erde eingereiht; sie wird ihrerseits vom Mond umkreist und als ein Planet unter ihresgleichen angesehen. Alle Planetenbahnen sind schwache Ellipsen. In dem einen Brennpunkt aller dieser elliptischen Bahnen steht die Sonne. In Sonnennähe bewegen sich die Planeten schneller, in Sonnenferne langsamer. Alle Planeten und auch der Mond bewegen sich in der gleichen Richtung um die Sonne bzw. um die Erde. Die Bahnebenen liegen nicht genau aber doch annähernd in der Ekliptikebene. Wie der Mond haben auch die Planeten «Knotenpunkte» auf ihrer Bahn. Alle Planeten und auch der Mond erhalten das Licht von der Sonne.

Die Schleifenbahnen der Planeten lassen sich als «Überholvorgänge» durch die Erde erklären. Die ständige Sonnennähe der inneren Planeten ist eine Folge der Lage ihrer Bahnen innerhalb der Erdbahn.

Die Fixsterne sind viel weiter von der Sonne entfernt als die Planeten. Die Fixsterne in der Nähe der Ekliptikebene bilden den Tierkreis.

Die Ordnung der Planetenbahnen

In der Astronomie kennt man die besprochenen fünf mit bloßem Auge sichtbaren Planeten und weiter außen noch Uranus und Neptun, die mit guten Fernrohren zu sehen sind. Zusammen sind also sieben Planeten bekannt. Dazu kommt als achter Planet unsere Erde.

Aus der Größe der Planetenschleifen hat man schon sehr früh auf die Entfernungen von der Erde geschlossen. Das dritte keplersche Gesetz erlaubt, aus dem Verhältnis der leicht zu ermittelnden Umlaufzeiten die gegenseitigen Verhältnisse der Abstände zu errechnen.

In den Abstandsverhältnissen der Planeten vermutete man gewisse Gesetzmäßigkeiten. Mit der Erde und ohne die fernen gibt es sechs Planeten, deren Bahnen durch fünf Abstände getrennt sind. Ebenso gibt es fünf «platonische Körper» (Abb. 84).[19] Johannes Kepler war von einer herrschenden Harmonie im Weltenall überzeugt und fand schließlich einen Zusammenhang: Man ergänze die Planetenbahnen zu Kugeln entsprechender Größe und setze sie alle ineinander mit ihren Mittelpunkten in der Sonne. Zwischen diese gedachten Sphären setze man als «Abstandshalter» die platonischen Körper in einer bestimmten Reihenfolge. Dabei soll jeweils die kleinere Kugel in einen platonischen Körper passen (Inkugel) und die nächstgrößere außen herum (Umkugel). Die innere Kugel berührt dabei die Flächen des Körpers an ihren Mittelpunkten, und die äußere geht durch die Eckpunkte der platonischen Körper. Kepler stellte sich also In- und Umkugeln zu den platonischen Körpern vor.

Von den 120 möglichen Reihenfolgen der fünf platonischen Körper wählte Kepler von innen nach außen diese:

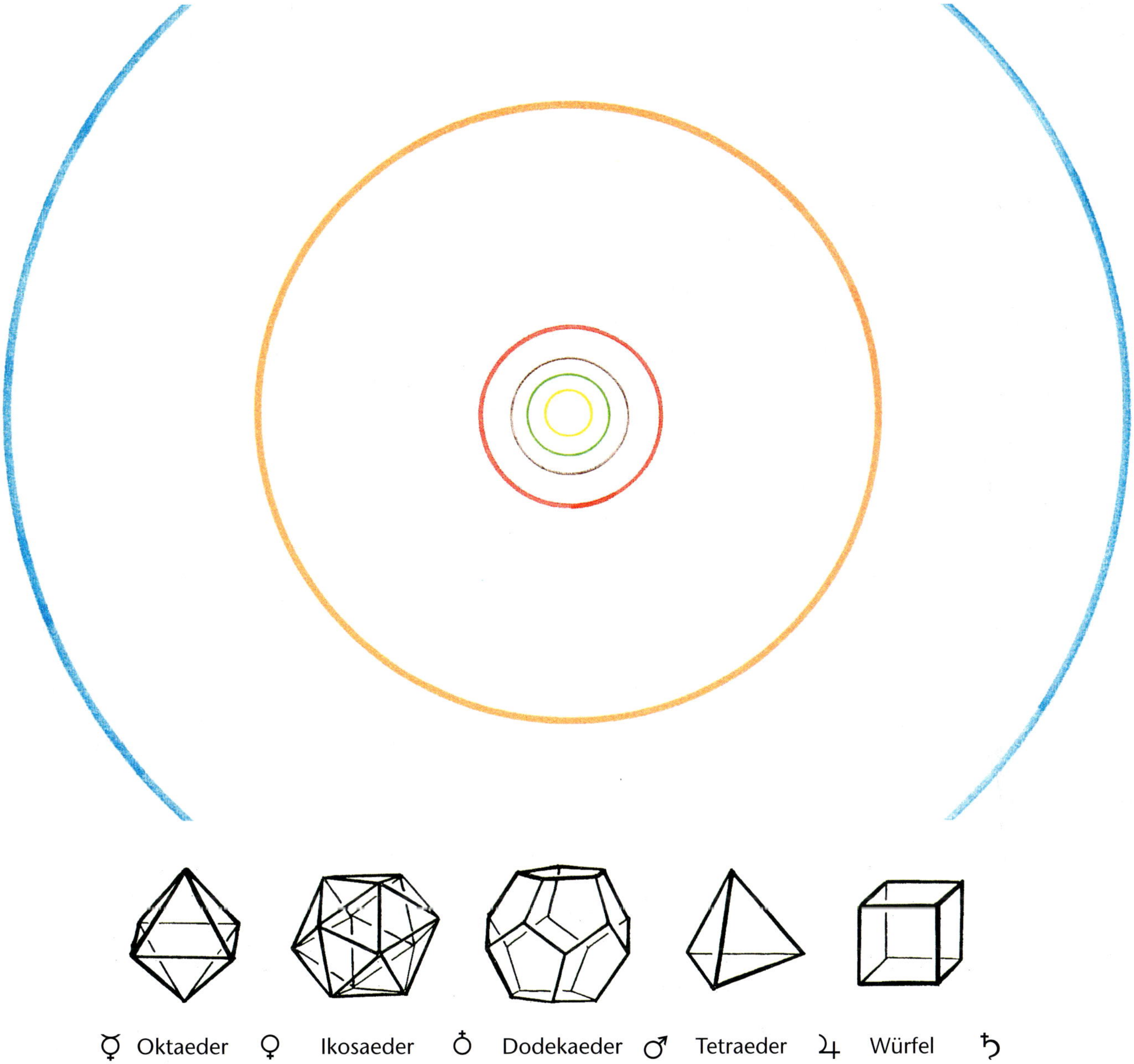

Abb. 84: Schema des heliozentrischen Planetensystems. Die Größen der Planetenabstände sind maßstabsgetreu eingetragen. Die unten abgebildeten fünf platonischen Körper bilden nach Johannes Kepler entsprechend vergrößert die «Platzhalter» zwischen den zu Kugeln erweiterten Planetenbahnen. Dies nannte er «Mysterium Cosmographicum».

Merkur – Oktaeder– Venus – Ikosaeder – Erde – Dodekaeder – Mars – Tetraeder – Jupiter – Würfel – Saturn.

Es liegt nahe, ein entsprechendes Modell zu bauen. Bei dem Versuch, es zu verwirklichen, stößt man jedoch bald auf ein Problem: Wer von innen nach außen baut, bemerkt, dass die äußeren Körper beachtlich groß werden. Wer von außen nach innen baut, steht vor der Schwierigkeit, dass die inneren Körper winzig klein gehalten werden müssen. Im Johannes-Kepler-Museum in Weil der Stadt (Württemberg) ist ein solches Modell zu sehen (Astromedia bietet dafür einen Ausschneidebogen an).

Über ein Jahrhundert nach Kepler wurde eine Formel bekannt, mit der sich die mittleren Planetenentfernungen von der Sonne berechnen lassen, die «Titius-Bode-Reihe». Sie lautet: $a = 0{,}4 + 0{,}3 \times 2^n$. a steht für den mittleren Abstand der Planeten von der Sonne. Man beginnt mit $n = -\infty$, dann kommt n = 0, weiter n = 1, n = 2 usw. Die Ergebnisse sind die ungefähren Abstandsverhältnisse der Planeten von innen nach außen. Die errechneten Zahlen mit der Eins für die Erde geben die Abstandsverhältnisse in Bezug auf die Entfernung Sonne–Erde in «astronomischen Einheiten» (AE) an.

Merkur (n = – ∞)	0,4 AE
Venus (n = 0)	0,7 AE
Erde (n = 1)	1 AE
Mars (n = 2)	1,6 AE
??? (n = 3)	2,8 AE
Jupiter (n = 4)	5,2 AE
Saturn (n = 5)	10 AE

Von besonderem Interesse ist der Wert von n = 3, der 2,8 AE liefert. In diesem Abstand von der Sonne steht kein mit bloßem Auge sichtbarer Planet. Aber in der Neujahrsnacht von 1801 entdeckte der Italiener Piazzi mit einem Fernrohr in dem errechneten, bisher als leer betrachteten Abstand einen Himmelskörper. Man nannte ihn «Ceres». In der Folgezeit wurden so viele solcher «Planetoiden» entdeckt, dass man ihnen nur noch Nummern gab. Der Planetoid 612 ist übrigens durch Saint-Exupéry bekannt geworden; sein «kleiner Prinz» kam von dort. Man kennt jetzt über 6.000 größere Planetoiden und spricht von einem «Planetoidengürtel», der sich in der Lücke zwischen Mars und Jupiter befindet. Es sieht so aus, als ob dort ein Planet in Stücke zersprang. An die Stelle der drei Fragezeichen in der linken Tabelle können wir also «Planetoiden» einsetzen.

Klaus Podirsky weist darauf hin, dass sich die Verhältnisse der Wurzeln von den Planetenumlaufzeiten der Fibonacci-Folge deutlich nähern (Goldener Schnitt). Doch die Erde fällt heraus. Deswegen nannte er sein Buch *Fremdkörper Erde.*[35]

Johannes Kepler erkannte in späteren Jahren, dass sein «Mysterium» nicht ganz befriedigen kann. In jüngster Zeit fand Hartmut Warm eine Lösung des Kepler-Problems. Er verglich die Geschwindigkeiten der Planeten im Abstand der kleinen Halbachse von der Sonne und traf auf erstaunlich genaue Verhältnisse wie in der Durtonleiter![29] Außerdem fand Hartmut Warm über einfache geometrische Konstruktionen Zusammenhänge der Planetenbahnen, die er in einer «Signatur der Sphären» zusammenfasste. Auch hier spielt die kleine Achse der Planetenbahnen eine entscheidende Rolle.

Die wahren Abstände (z.B. in km) kannte man zunächst noch nicht. Diese ergaben sich erst, als man den Abstand der Erde von der Sonne, die astronomische Einheit, messen konnte. Man kam auf 150 Millionen km. Wie man diese Zahl errechnet hat, ist eine lange Geschichte; es würde zu weit führen, sie hier aufzuzeigen.

Als der mittlere Abstand Erde – Sonne mit 150 Mio. km bekannt war, konnte man die wahre Größe der Sonne aus dem messbaren Winkeldurchmesser (ca. $^1/_2$ Grad) errechnen. Es ergab sich ein Sonnendurchmesser von 1,4 Mio. km. Die Erde hat 40.000 km Umfang und 12.700 km Durchmesser. Danach ist die Sonne rund 110mal größer als die Erde.

Die eben genannten Zahlen, in ein handliches Modell übersetzt, geben folgendes Bild: Wenn die Sonne so groß wie ein Wagenrad (1,4 m Durchmesser) wäre, würde die Erde im Abstand von 150 m so groß sein wie eine Haselnuss (1,3 cm). Im gleichen Maßstab umkreist sie der Mond erbsengroß in 38 cm Entfernung, denn von der Erde zum Mond ist es so weit wie neuneinhalbmal um den Erdäquator herum. Merkur wäre von der Sonne 60 m entfernt, Venus 105 m. Mars fänden wir in 225 m Abstand von der Wagenradsonne, Jupiter in 750 m Abstand, Saturn in 1,425 km.

Zusammenfassung: eine Tabelle

	Merkur	Venus	Erde	Mars	Jupiter	Saturn
Mittlerer Abstand von der Sonne in AE	0,4	0,7	1	1,5	5,2	9,5
Lichtlaufzeit in Minuten von der Sonne	3,3	6	8,3	13	43	80
Umlaufzeit um die Sonne siderisch in Tagen (d) /Jahren (a)	88 d	225 d	365 d	2 a	12 a	30 a
Mittlere Bahngeschwindigkeit in km/sec	48	35	30	24	13	10
Exzentrizität in %	20,6	0,7	1,7	9,3	4,8	5,6
Bahnneigung gegen Ekliptikebene in Grad	7,0	3,4	0,0	1,9	1,3	2,5
Rotationsdauer in Tagen	59	–243	1	1	0,4	0,4
Größter Abstand von der Erde in AE	1,5	1,7		2,7	6,5	11
Kleinster Abstand von der Erde in AE	0,5	0,3		0,5	3,9	8

Die obige Tabelle bedarf einiger Erklärungen: Um die Größenverhältnisse deutlicher zu machen, sind die Lichtlaufzeiten von der Sonne zu den Planeten angegeben. Zum Vergleich: Das Licht könnte in einer Sekunde siebeneinhalbmal um die Erde laufen (wenn es nicht immer nur geradeaus ginge). Von der Erde zum Mond braucht es nur 1,2 Sekunden.

Unter «Exzentrizität» versteht man den Abstand der Brennpunkte der Ellipse im Verhältnis zu ihrer großen Achse, also die Stärke ihrer Abplattung. Sie ist hier in Prozenten angegeben. Auffallend ist die große Exzentrizität von Merkur. Venus hat die geringste Exzentrizität, ihre Rotationsdauer ist auffallend groß und mit einem Minuszeichen versehen. Dies bedeutet, dass sie sich in entgegengesetzter Richtung zu den anderen Planeten dreht.

In den vorangehenden Ausführungen wurde öfter darauf hingewiesen, dass etwas angenähert, aber nicht genau ist: Die Sonne schreitet auf ihrer Bahn um die Erde fast regelmäßig weiter, aber nicht genau. Der Mond und die Planeten bewegen sich im Tierkreis, aber nicht genau auf der Ekliptik. Die Planetenbahnen sind angenäherte Kreise, aber nicht genaue. Diese kleinen Abweichungen von der Regelmäßigkeit und Symmetrie machen die Himmelserscheinungen lebendig. Ohne sie könnte man das Planetensystem mit einem mechanischen Räderwerk vergleichen. Das entspricht nicht der Realität.

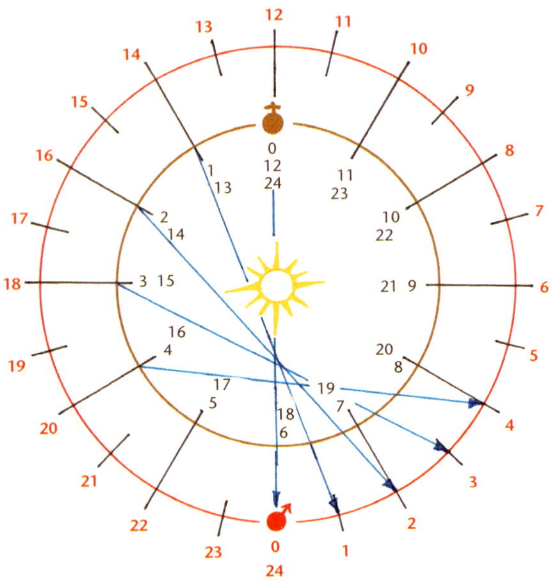

Abb. 85: Erdbahn und Marsbahn heliozentrisch.

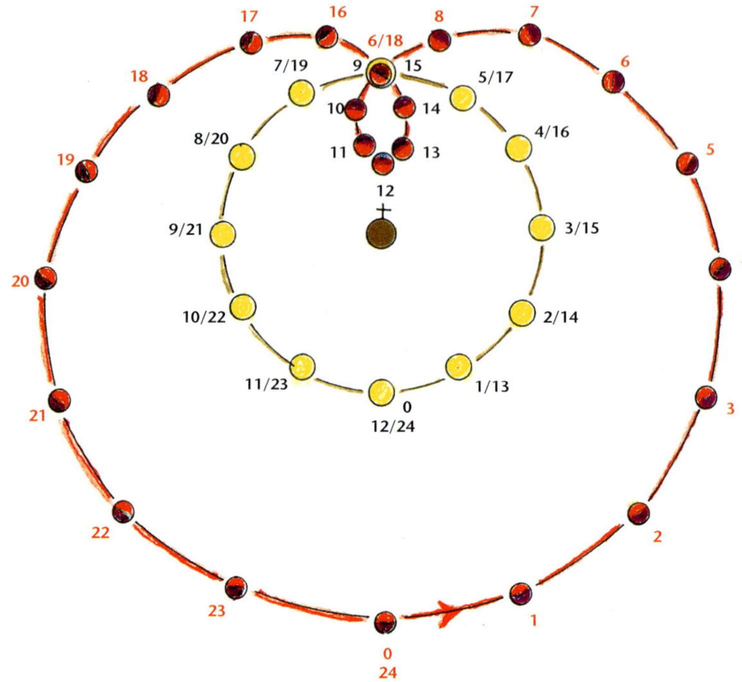

Abb. 86: Marsbahn und Sonnenbahn geozentrisch.

Geozentrische Planetenbahnen

Für uns Menschen als Erdbewohner ist es interessant zu wissen, wie die Bewegungsvorgänge der Planeten in Bezug auf die Erde aussehen. Die Planeten umkreisen die Sonne und nicht die Erde, daher verändern sich die Abstände von der Erde enorm. Um diese Abstände unabhängig vom Lauf der Erde um die Sonne darzustellen, wird die Erde jetzt als stillstehendes Zentrum betrachtet und wieder der Standpunkt weit außerhalb des Geschehens eingenommen. Dies ist die «geozentrische» Betrachtungsweise. Hier kann der Leser aktiv werden und selbst Planetenbahnen konstruieren. Mit dem Mars soll begonnen werden.

Wir fertigen uns zwei Zeichnungen (Abb. 85 und 86) an, eine heliozentrische mit der Sonne im Mittelpunkt und eine geozentrische mit der Erde als Mittelpunkt. Beide Zeichnungen kommen auf ein Blatt Papier; DIN A 3 genügt bei geschickter Anordnung. In der ersten ziehen wir um die Sonne als Mittelpunkt mit einem Zirkel einen Kreis mit 4 cm Radius als Erdbahn und einen Kreis mit 6 cm Radius als Marsbahn. Mit diesen Maßen haben wir das richtige Größenverhältnis der Bahnen in etwa getroffen. Der Einfachheit halber begnügen wir uns mit Kreisbahnen statt Ellipsen (Abb. 85). Nun teilen wir beide Kreise in 12 Teile und den äußeren daraufhin in 24 Teile. Diese Kreisteile markieren die Bewegungen der beiden Himmelskörper Erde und Mars: Jeweils in einem Monat wandern Erde innen und Mars außen um einen Teilstrich gegen den Uhrzeiger weiter. Wir nummerieren die Teilstriche innen oben mit Null beginnend nach links fortlaufend. Nach einer Umrundung im inneren Kreis sind wir bei zwölf angekommen, ein Jahr ist vergangen. In einer zweiten Umrundung kommen wir bis auf 24. Weil Mars in zwei Jahren umläuft, nummerieren wir im äußeren Kreis unten mit Null beginnend und beziffern die Teilstriche bis 24.

Nach dieser Vorbereitung der heliozentrischen Zeichnung machen wir uns an die Übertragung in ein geozentrisches System. Wir legen dazu einen Mittelpunkt fest, der die Erde darstellt. Dann greifen wir mit dem Zirkel den Abstand des Startpunktes «0» der Erde zum Startpunkt «0» von Mars (blau) ab und übertragen diesen in die neue Zeichnung vom Mittelpunkt nach unten. Wir haben den größtmöglichen Abstand (Opposition von der Sonne aus) der beiden Himmelskörper in der gleichen Richtung wie in Abbildung 85 (nach unten) abgetragen. Dieses System müssen wir fortsetzen. Wir verbinden die beiden Positionen «1» (blau) und übertragen Länge und Richtung von der Erde ausgehend in die zweite Zeichnung. So fahren wir fort. Die ersten fünf Konstruktionen sind in Abbildung 85 und 86 blau eingetragen. Nach 25 Konstruktionen haben wir einen Marsumlauf geozentrisch erhalten.

Die Konstruktionsarbeit wird wesentlich erleichtert, wenn man ein «Parellelenlineal» (ein Lineal mit einer Walze, die Parallelverschiebungen erlaubt) verwendet oder mit Zeichendreieck und Lineal «Parallelverschiebungen», wie sie in den Schulen gelehrt werden, unternimmt. Wir verbinden die neu erhaltenen Punkte zu einem Kurvenzug (Abb. 86). In gleicher Weise lässt sich auch die geozentrische Sonnenbahn einzeichnen, die natürlich ein Kreis ist.

Vielleicht stellt jemand mit Schrecken fest, dass sich die geozentrischen Bahnen kreuzen. Ist eine Kollision zwischen Mars und Sonne zu befürchten? Keine Angst, wir wissen ja, dass «in Wirklichkeit» Mars in sicherem Abstand um die Sonne kreist. Wenn er die geozentrische Sonnenbahn überquert, also näher an die Erde herankommt als die Sonne, ist diese bestimmt nicht zur Stelle. – In der Zeichnung lässt sich auch die Marsschleife mit der Rückläufigkeit gut erkennen. Hier sehen wir die Schleife im Grundriss. In Abbildung 73 ist die gleiche Schleife von der Seite her abgebildet (Seitenriss).

Der Winkel zwischen den Bahnebenen ist nicht berücksichtigt, ebenso nicht die Ellipsenformen. Wir haben hier vereinfachte Verhältnisse angenommen: Mars trifft in der Realität seinen Anfang nicht wieder. Aus der echten geozentrischen Marsbahn ohne Vereinfachungen über siebzehn Jahre erkennt man in den deutlichen Unregelmäßigkeiten das unruhige Gebaren dieses Planeten (Abb. 87).

Auch von Jupiter und Saturn kann ein Bild der geozentrischen Bahn gezeichnet werden (Abb. 88 und 89). Hier ist eine Spanne von zwölf bzw. dreißig Jahren abgebildet, die Sonnenbahn ist recht klein geworden.

Abb. 87: Geozentrische Marsbahn während 17 Jahren (ein anderer Maßstab; vgl. die Kreise der Sonnenbahnen; aus: J. Schultz, «Rhythmen der Sterne», verändert).

Wie vom Mars als Repräsentanten der äußeren Planeten kann man von der Venus als Repräsentantin der beiden inneren Planeten die geozentrische Bahn konstruieren. Es genügt bei geschickter Einteilung wieder ein DIN A3-Blatt. Wir legen einen Mittelpunkt fest, zunächst heliozentrisch: die Sonne. Um diese ziehen wir einen Kreis mit diesmal 6 cm Radius als Erdbahn (ein größerer Maßstab!). Mit 4,3 cm Radius ziehen wir die weiter innen liegende Venusbahn als zweiten Kreis. Den Erdbahnkreis teilen wir wieder in zwölf Teile. Den inneren Venusbahnkreis teilen wir ebenfalls in zwölf Teile, jeden Abschnitt dann aber noch einmal durch zwei neue Teilstriche in je drei Teile (Abb. 90).

Wieder beziffern wir beide Kreise, den Erdkreis von oben ausgehend nach links und den Venuskreis von unten ausgehend nach rechts. Der äußere Erdkreis ist nach 12 Mo-

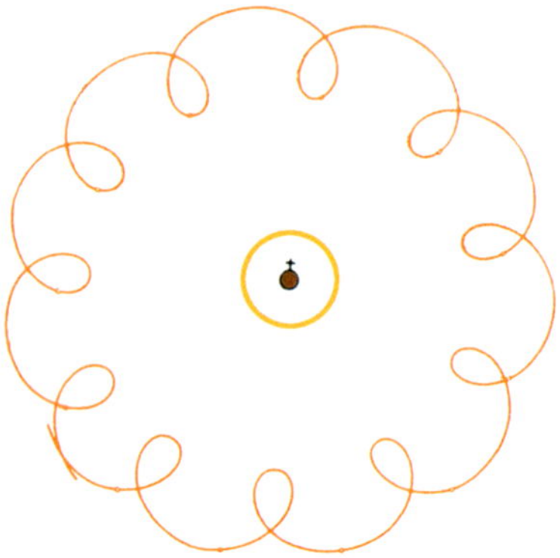

Abb. 88: Die geozentrische Jupiterbahn während eines Umlaufs in zwölf Jahren strahlt Ruhe und Harmonie aus (aus: J. Schultz, «Rhythmen der Sterne»).

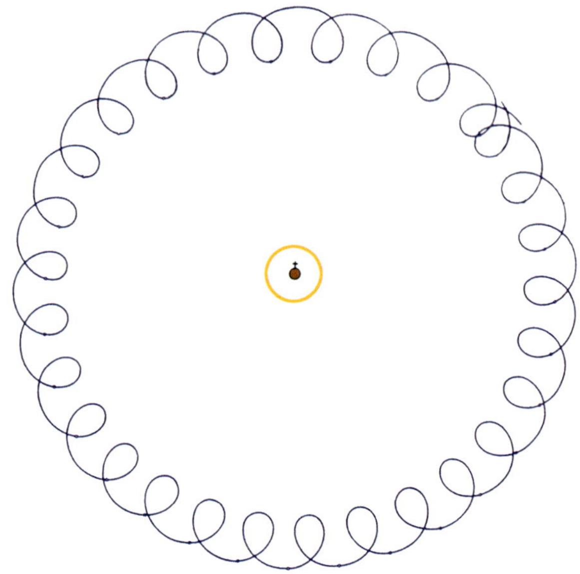

Abb. 89: Die geozentrische Saturnbahn während dreißig Jahren (aus: J. Schultz, «Rhythmen der Sterne»).

naten einmal durchlaufen, wir beziffern aber weiter bis 18, also teilweise doppelt. Um den inneren Venuskreis richtig zu beziffern, gehen wir jeweils um fünf Teilstriche weiter, Venus ist schneller als die Erde. Wir fangen unten an mit der Venus-Bezifferung und gehen bis 18 weiter.

Daraufhin beginnen wir mit der geozentrischen Zeichnung, indem wir wieder auf dem gleichen Blatt Papier einen neuen Mittelpunkt für die Erde festlegen. Von diesem aus tragen wir den Ausgangsabstand 0 – 0 senkrecht nach unten ein. Nun lassen wir die Erde einen Monat weiterwandern, die Venus auch, so kommen wir zu den beiden Ziffern «1». Wir verbinden sie und übertragen die neue Länge mit ihrer Richtung in die zweite Zeichnung von der Erde aus. So fahren wir fort, wie bei Mars gehabt.

Nach 18 Konstruktionen verbinden wir die neu erhaltenen Punkte miteinander und haben eine schöne Zeichnung von der geozentrischen Venusbahn mit Schleife. Zur Vollständigkeit können wir dazu in gleicher Weise die Positionen des Sonnenkreises eintragen (Abb. 91). Wer die jeweils zusammengehörigen Sonne-Venus-Positionen betrachtet, kann die von der Erde aus sichtbaren Venusphasen erkennen.

Die geozentrische Venusbahn schließt sich nach acht Jahren fast lückenlos. In dieser Zeit hat Venus fünf Schleifen gezogen, die sich im Kreis gleichmäßig verteilen. Man wird an eine fünfzählige Blüte erinnert (Abb. 92).

Auch von Merkur lässt sich eine geozentrische Bahn zeichnen (Abb. 93). Hier ist wieder ein achtjähriger Lauf abgebildet. Die Sonnenbahn geht mitten durch die Merkurschleifen hindurch. Wir wissen, dass damit keine Gefahr verbunden ist. Welch eine Unruhe im Vergleich zur Venus!

Es sei an dieser Stelle nicht versäumt, noch einmal auf die Veröffentlichung von Hartmut Warm hinzuweisen. Er hat die eben beschriebene Konstruktion (Abb. 90) mit genauen Werten programmiert und computermäßig auszeichnen lassen. Dabei erhielt er durch die Verbindungssgeraden Venus – Erde (hier blau) ein netzartiges Gefüge von außerordentlicher Schönheit (Abb. 94). In seinem Buch *Die Signatur der Sphären. Von der Ordnung im Sonnensystem*[29] ist eine Fülle von ähnlichen Konfigurationen zu finden, die auch von den anderen Planeten unsichtbar in den Kosmos gezeichnet werden.

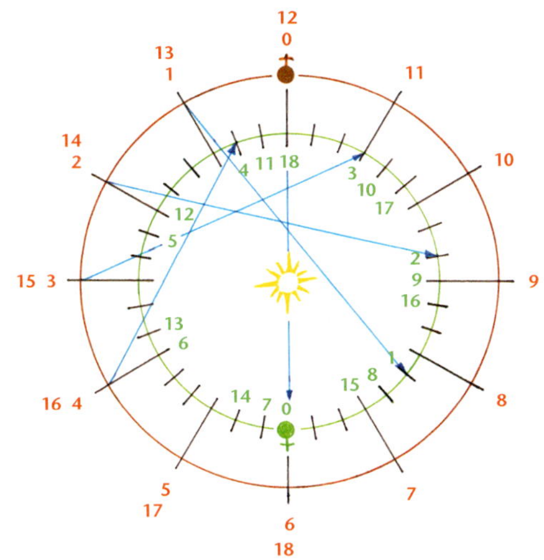

Abb. 90: Erdbahn und Venusbahn heliozentrisch.

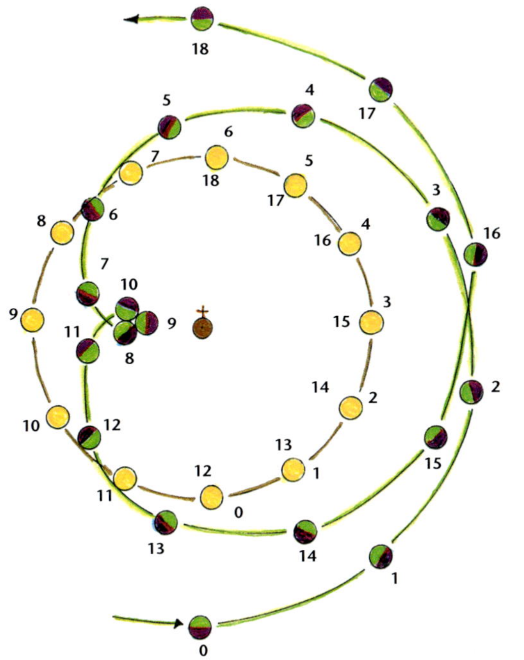

Abb. 91: Venusbahn und Sonnenbahn geozentrisch.

Abb. 92: Nach fünf Schleifen schließt sich die geozentrische Venusbahn. Zum Durchlaufen dieser «Rosette» benötigt Venus acht Jahre. Die Form strahlt Harmonie aus («Pentagramma Veneris»; aus: J. Schultz, «Rhythmen der Sterne»).

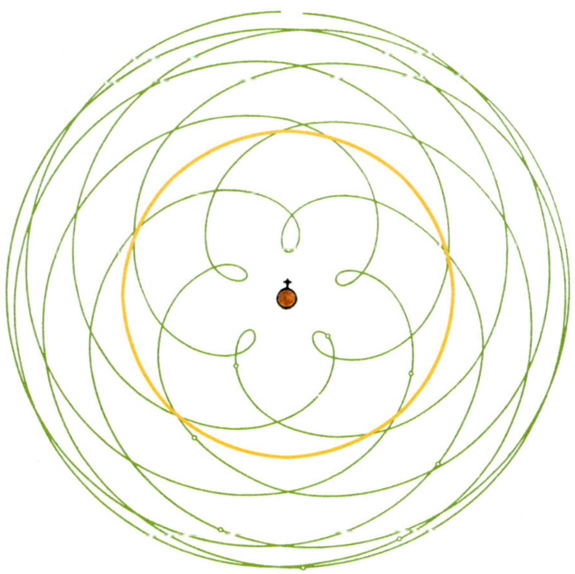

Abb. 93: Merkurbahn, geozentrisch während acht Jahren. Eine gewisse Unruhe ist spürbar (aus: J. Schultz, «Rhythmen der Sterne»).

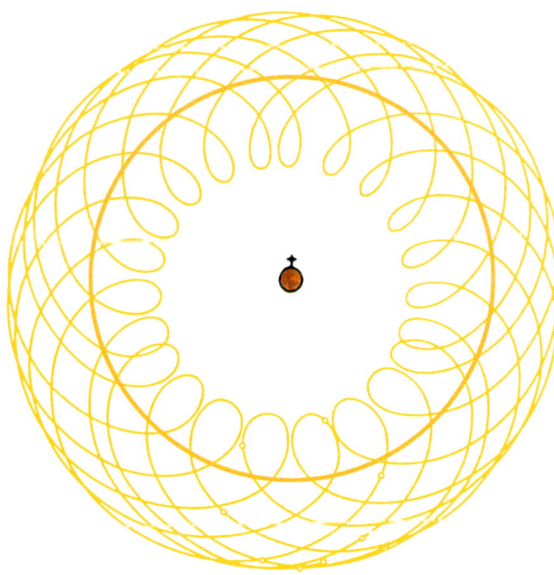

Abb. 94: Diese Computerzeichnung setzt sich zusammen aus Verbindungsgeraden zwischen Erde und Venus (blaue Linien in Abb. 90). Als Zeitabstand wurden 117 Tage (Dauer eines Venus-Tages) gewählt. Das Geflecht wird in ca. 240 Jahren unsichtbar in den planetarischen Raum gezeichnet. In der Mitte befindet sich die Sonne, außen herum die Erdbahn. Im Laufe der Zeit ändert sich die Struktur: Der freie Innenraum schließt und öffnet sich neu. Die Grafik ist eine von vielen aus dem Buch von Hartmut Warm[29] (© ^{2}2004 Keplerstern Verlag, Hamburg).

Zusammenfassung

Um die Eigenarten der Planeten, wie sie sich vom Standpunkt auf der Erde aus darstellen, genauer zu erfassen, ist es angebracht, die Planetenbahnen geozentrisch zu zeichnen. Die geometrischen Konstruktionen zeigen für die Planeten charakteristische Formen.

Abb. 95: Konjunktion des jungen Mondes mit Venus als Abendstern.

Konstellationen

Wir wissen nun, dass Sonne, Mond und die Planeten sich zusätzlich zu dem täglichen Umschwung im Tierkreis gewöhnlich rechtläufig, also nach Osten, bewegen. Sie laufen verschieden schnell, daher gibt es mannigfache Überholungen, also Konjunktionen. Auch Oppositionen und Quadraturen finden ständig statt.

Der schnelle Mond «besucht» der Reihe nach alle Planeten im Tierkreis, immer wieder, auch die Sonne. Wenn er Konjunktion mit der Sonne hat, ist Neumond und wir sehen ihn nicht. Aber schon kurz danach erscheint er als schmale Sichel. Wenn zu dieser Zeit Venus Abendstern ist, haben wir eine besonders eindrucksvolle Konstellation (Abb. 95). Die Konjunktionen der Venus mit dem Mond können verschieden eng sein. Der Mond kann oberhalb oder unterhalb der Venus vorbeiwandern. Gelegentlich bedeckt der Mond einen Planeten – das kann man eine «Planetenfinsternis» nennen. Sie dauert bis zu einer Stunde und ist wegen der Nähe des Mondes nicht von jeder Stelle der Erde aus in gleicher Weise zu beobachten. 2001/2002 fanden mehrere Planetenfinsternisse statt.

Auch die Konjunktionen der Planeten untereinander sind eindrucksvoll und können ebenso verschieden eng oder weit sein. Ganz besonders eng war die Konjunktion der beiden hellsten Planeten Venus und Jupiter am Abend des 23. Februar 1999 (Abb. 96).

Grundsätzlich kann sich jeder Planet mit jedem anderen treffen. Selten sind die Konjunktionen der beiden langsamen Planeten Jupiter und Saturn. Sie begegnen sich nur etwa alle zwanzig Jahre. Im Mai 2000 fand eine solche Begegnung unsichtbar in Sonnennähe statt. Wenn sich die beiden fernen Planeten einander nähern, während sie ihre Schleifen ziehen, begegnen sie sich kurz hintereinander dreimal. Das nennt man eine «Große Konjunktion»; im Jahre 1981 fand eine solche Konjunktion statt, die auch sichtbar war.

Während der genannten Konjunktion im Mai 2000 wa-

ren die anderen mit bloßem Auge sichtbaren Planeten ebenfalls in Sonnennähe. Der nächtliche Himmel war daher während dieser unsichtbaren «Planetenkonferenz» mit der Sonne planetenleer.

Wie ist das mit den Oppositionen, das heißt mit dem Gegenüberstehen? Wenn der Mond in Opposition zur Sonne steht, ist bekanntlich Vollmond. Die äußeren Planeten können in Opposition zur Sonne stehen, dann sind sie mitten in ihrer Schleife rückläufig und die ganze Nacht zu

Abb. 96: Konjunktion von Venus und Jupiter (♀☌♃) am 23. Februar 1999, aufgenommen in Prag. Auch Merkur ist zu sehen (über der hellen Lampe, knapp über der mittleren dunklen Wolke).

sehen. Planeten können auch untereinander in Opposition stehen, dann geht der eine auf, wenn der andere untergeht.

Immer wieder strahlen im Tierkreis zwei Planeten im rechten Winkel zueinander und bilden somit eine Quadratur. Praktisch bedeutet das, dass der eine Planet gerade kulminiert, wenn der andere auf- oder untergeht, wie Halbmond und Sonne.

Schließlich hat auch das «Trigon» eine gewisse Bedeutung. Diese Konstellation ist dann erreicht, wenn zwei Planeten von der Erde aus gesehen einen Winkel von 120° einschließen.

Die allgemein verwendeten Kürzel für die genannten Konstellationen sind: Konjunktion: ☌, Opposition: ☍, Quadratur: □, Trigon: △.

Um das Spiel der Planeten zu verfolgen, ist es nötig, einen aktuellen Sternenkalender zur Hand zu haben.[20–24] In manchen Tageszeitungen erscheinen monatliche Vorblicke. Wieder kann die Planetenscheibe[9] dienlich sein; eine entsprechende Anleitung mit Daten liegt bei.

Wer unter dem nächtlichen Sternenhimmel schon einmal den Tierkreis aufzufinden versuchte, wird einige Schwierigkeiten damit gehabt haben. Nicht jedes Sternbild ist leicht auszumachen. Eine Hilfe ist die Kenntnis von der augenblicklichen Tierkreisstellung (steil,

Abb. 97: Der Morgenhimmel im August 2001. Von rechts oben nach links unten: Saturn, Mond, Jupiter, Venus und Sonne (unter dem Horizont) markieren den Tierkreis. Einen Tag später stand der Mond bei Jupiter, noch einen Tag weiter bei Venus.

flach, schräg). Noch besser aber zeigen uns die Planeten und der Mond, sofern sie da sind, die augenblickliche Lage. Abends und morgens ahnen wir in der Dämmerung zusätzlich den Stand der Sonne; das ist eine weitere Hilfe, den Tierkreis zu finden. Ein Beispiel zeigt Abbildung 97.

Zusammenfassung

Am Nachthimmel zeigt sich das Spiel des Mondes und der Planeten. Besondere Konstellationen finden unsere Beachtung: Konjunktionen, Oppositionen, Quadraturen und Trigone. Die Stellung des Tierkreises kann mithilfe der Planeten, die ihn markieren, leicht gefunden werden.

Zuordnungen zu den Planeten

Bevor die kopernikanische Weltordnung Allgemeingut wurde, zählte man auch die Sonne und den Mond zu den Planeten, die Erde dagegen nicht. Uranus, Neptun und Pluto waren noch nicht bekannt, man kannte also sieben «Planeten». Seit alters gibt es wie für die Tierkreisbilder auch für die Planeten Zeichen. Außerdem sind ihnen Wochentage, Farben, Metalle, Bäume und Organe zugeordnet. Diese Zuordnungen sind nicht willkürlich gewählt, sie verdeutlichen die Qualitäten der Gestirne und stammen aus alten Quellen. Die Tabelle gibt einen Überblick.

Die Zuordnung der Wochentage geht schon aus deren Namen hervor, insbeondere wenn man auch Fremdsprachen dazunimmt. Ganz klar ist die Zuordnung im Lateinischen: Dies Solis/Lunae/Martis/Mercurii/Jovis/Veneris/Saturni. Bei Paracelsus ist der Zusammenhang der Organe mit den Planeten Selbstverständlichkeit, die Quellen liegen wohl wesentlich weiter zurück. Ähnlich verhält es sich mit den Metallen in der Welt der Alchemisten. Die Zuordnung der Farben und Bäume[31] haben ihren Ursprung mit Sicherheit auch in alten Kulturen; sie wurden von Rudolf Steiner neu belebt. Nach meiner Erfahrung sprechen diese Zuordnungen nicht nur Kinder sehr an, deshalb nahm ich sie gern mit auf.

Planet	Zeichen	Wochentag[33]	Farbe	Metalle	Bäume[31]	Organe
Sonne	☉	Sonntag	weiß	Gold	Esche	Herz
Mond	☾	Montag	lila	Silber	Kirsche	Gehirn
Mars	♂	Dienstag	rot	Eisen	Eiche	Galle
Merkur	☿	Mittwoch	gelb	Quecksilber	Ulme	Lunge
Jupiter	♃	Donnerstag	orange	Zinn	Ahorn	Leber
Venus	♀	Freitag	grün	Kupfer	Birke	Niere
Saturn	♄	Samstag	blau	Blei	Buche	Milz

Abb. 98: Der Komet McNaught am Abendhimmel Mitte Januar 2007 von der südlichen Erdhalbkugel aus gesehen. Er war der hellste Komet seit vierzig Jahren (Foto: Chiro Observatory, Australien).

Kometen

Die meisten Kometen kommen überraschend. Zunächst sind sie nur mit guten Fernrohren zu sehen. Das Kommen ist mit einem langsamen Größer- und Hellerwerden verbunden. Schließlich sind manche für jedermann mit bloßem Auge zu sehen, sie haben einen Schweif. Der Schweif ist stets von der Sonne weggerichtet, er kann eine beträchtliche Länge erreichen (Abb. 98). Es wurde sogar schon von einem Schweif berichtet, der über den ganzen Himmel ging. Manchmal hat ein Komet auch einen zweiten, kleineren, zur Sonne hin gerichteten Schweif. Es folgt ein allmähliches Abklingen der Erscheinungen beim Entfernen des Kometen.

Eigenartige Erscheinungen sind die Kometen: Sterne mit einem Schweif. Die wörtliche Übersetzung heißt «Haarstern». Die Kometen sind den Planeten insofern ähnlich, als sie außer dem täglichen Umschwung auch noch unter den Fixsternen wandern. Dabei halten sie sich jedoch nicht an den Tierkreis.

Über die ganze Erde sind viele Amateurastronomen damit beschäftigt, in klaren Nächten den Himmel nach Sternen abzusuchen, die ihre Lage unter den Fixsternen verändern. Wenn ein neuer Komet gefunden ist, bekommt er den Namen des Entdeckers. Pro Jahr werden etwa 40 Kometen entdeckt, aber nur wenige kommen so nah, dass man sie mit bloßem Auge sehen kann.

Es gibt auch Kometen, die regelmäßig wiederkommen. Zu diesen gehört der Halleysche Komet, der alle 76 Jahre erscheint. Das letzte Mal war er 1986 da, recht unscheinbar. 1910 trat er wesentlich spektakulärer auf.

Auch Kometen unterliegen den Keplerschen Gesetzen. Die regelmäßig wiederkommenden haben als Bahn um die Sonne eine lang gestreckte, parabelähnliche Ellipse. Diese

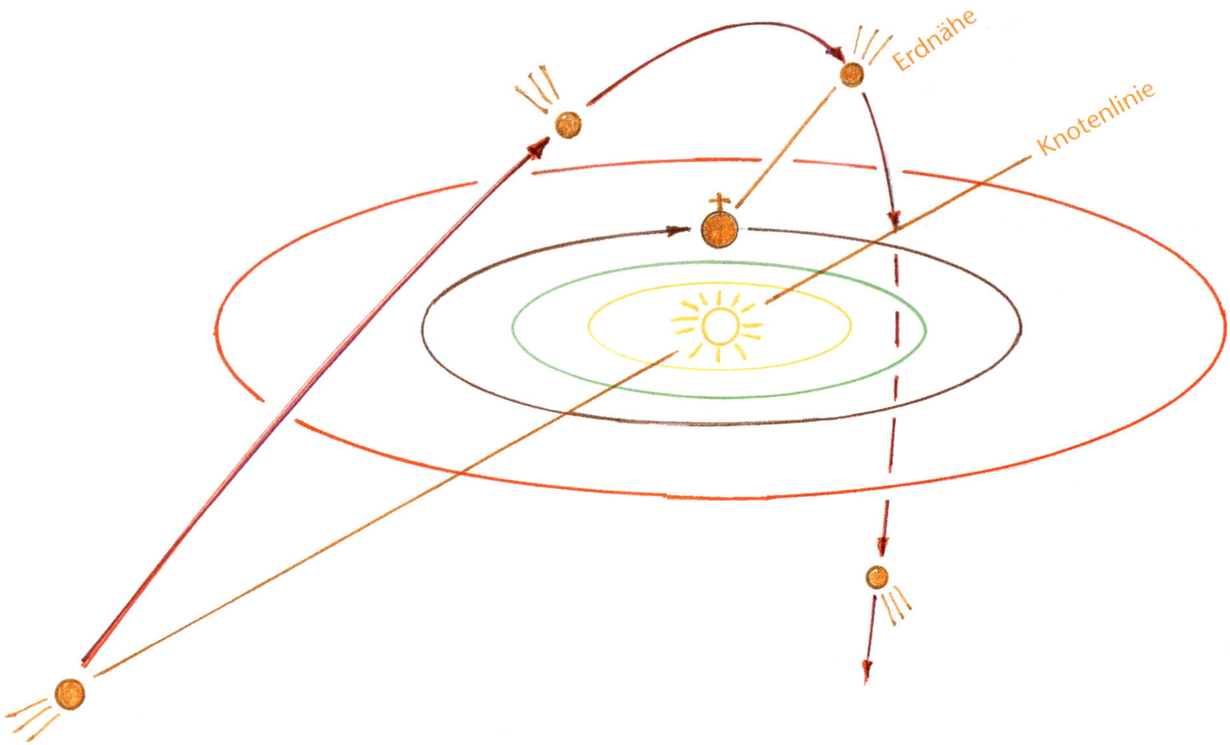

Abb. 99: Auch Kometen umrunden die Sonne auf elliptischer Bahn. Diese Ellipsen sind jedoch sehr lang gezogen. Der Schweif ist immer von der Sonne weggerichtet.

ist so weitläufig, dass die relativ kleinen Kometen die meiste Zeit zu weit entfernt sind, als dass man sie sehen könnte, auch mit großen Fernrohren nicht. Die größte Geschwindigkeit hat der Komet bei der Umrundung der Sonne (Abb. 99). Auch Kometen haben kein eigenes Licht, sie bekommen es wie der Mond und die Planeten von der Sonne. Als Heimat der Kometen denkt man an einen Raum weit außerhalb aller Planeten, aber noch vor den Fixsternen, an die so genannte «Oortsche Wolke».

Meteore

Aus der Kindheit wissen wir: Wer eine Sternschnuppe sieht, darf sich etwas wünschen. Wer dazu schweigt, kann hoffen, dass der Wunsch in Erfüllung geht.

Jederzeit kann es geschehen, dass wir beim Betrachten der Sterne plötzlich von einer Sternschnuppe überrascht werden. Zu bestimmten Zeiten ist die Wahrscheinlichkeit, Sternschnuppen zu sehen, besonders groß. Man spricht von «Sternschnuppenschwärmen», die im Jahreslauf regelmäßig wiederkehren. Am bekanntesten sind die «Perseiden», die jährlich vom 20. Juli bis zum 20. August – mit dem Maximum am 12. August – erwartet werden. Der Name wurde gewählt, weil diese Sternschnuppen aus dem

Sternbild Perseus zu kommen scheinen. Im Perseus ist der Ausstrahlungspunkt, der «Radiant». Man nennt die Sternschnuppen dieses Schwarms auch die «Laurentius-Tränen». Nach Mitternacht ist die beste Beobachtungszeit. Wer Glück hat, kann bis zu siebzig Sternschnuppen in der Stunde erleben.

Weitere Sternschnuppenschwärme sind die «Aquariden»; sie kommen aus dem Wassermann und haben ihr Maximum am 4. Mai. Im Herbst können die «Orioniden um den 21. Oktober und die Leoniden um den 17. November beobachtet werden.

Alexander von Humboldt berichtete von einem «Sternschnuppenschwarm» im Jahre 1799, in dem jede Sekunde eine Sternschnuppe zu sehen war, öfter mehrere zugleich. Solche Schauspiele finden meist in der zweiten Nachthälfte, also nach Mitternacht, statt. Die geschilderte Intensität ist allerdings sehr selten.

Eine größere Sternschnuppe wird auch «Feuerkugel» genannt und hinterlässt am Nachthimmel eine leuchtende Spur, die noch eine Weile danach zu sehen bleibt. Am Tag steht eine Rauchspur am Himmel. Wegen einer ungewöhnlich großen Feuerkugel hielt am 30. Juni 1908 ein Lokführer der Transsibirischen Eisenbahn den Zug an. Es war frühmorgens, als eine feurige Kugel, «so groß wie die Sonne», mit Donnergetöse von Süden nach Norden über den tungusischen Himmel zog. Die Rauchspur sah man noch Stunden danach. Die Aufschlagstelle – noch heute sichtbar – befindet sich in einer unbewohnten Waldgegend. Im Umkreis von 18 km war der Wald verbrannt, und Bäume brachen bis in 45 km Entfernung um. Der Einschlag wurde noch vom Seismologischen Institut in Potsdam wahrgenommen.

Die Sternschnuppen und Feuerkugeln haben den wissenschaftlichen Namen «Meteore». Manchmal fällt ein Meteor bis auf die Erde herunter. Was man dann findet, nennt man einen «Meteoriten». Es gibt einzelne Berichte von beobachteten Meteoritenfällen; dabei zischt es in der Luft, und beim Aufprall spritzt Erde in die Höhe. Nur äußerst selten sind Meteorite so groß, dass sie einen Krater in die Erde schlagen. Nach Schätzungen treffen täglich im Durchschnitt etwa so viele Meteorite die Erde, dass sie zusammengefasst einen ganzen Lastwagen voll ergeben

Abb. 100: Meteorit «Neuschwanstein», an einer Ecke zur Untersuchung angeschliffen (Aufnahme: Dieter Heinlein).

würden. Ein großer Teil fällt in die Meere, die rund 70 Prozent der Erdoberfläche ausmachen.

Am 6. April 2002 war ich mit dem Auto auf der A 8 von Rosenheim Richtung München unterwegs und hatte soeben die Mangfallbrücke überquert, es dämmerte: Plötzlich sah ich links von mir am Himmel eine hell leuchtende Kugel, mich überholend. Ich schätzte die Entfernung auf etwa 200 m ein und dachte an eine militärische Übung. Aber ich hatte mich geirrt. Aus den Medien erfuhr ich, dass diese Erscheinung von vielen Menschen im Alpenvorland gesehen wurde, also handelte es sich um eine außerirdische «Feuerkugel», um einen «Boloiden».

Aus den Beobachtungen von verschiedenen Orten konnte man die mögliche Einschlagstelle angenähert berechnen und kam auf ein Gebiet nahe der österreichischen Grenze im Allgäu. Im Sommer 2002 fand ein Hobbyastronom in schwer zugänglichem Gelände tatsächlich den pflastersteingroßen Meteoriten Abb. 100. Er bekam den

Abb. 101: Widmannstättensche Figuren, vergrößert (Aufnahme: Rupert Hochleitner).

Namen des Schlosses nahe dem Fundort «Neuschwanstein» und ist jetzt im Rieskrater-Museum in Nördlingen ausgestellt. In der Zwischenzeit wurden zwei weitere Trümmer gefunden. Man nimmt nun an, dass der Meteorid (so nennt man noch nicht aufgeschlagene außerirdische Brocken) in 22 km Höhe zersprungen ist. Nur sehr selten gelingt es wie diesmal, das auf der Erde zu finden, was am Himmel zu sehen war.

Die meisten Meteorite sind recht klein; oft bestehen sie nur aus Staub. Es gibt aber auch faustgroße Stücke, ja sogar tonnenschwere Brocken. Meteorite werden in vielen Mineraliensammlungen gezeigt. Eine besonders gute Sammlung von Meteoriten findet man im Naturhistorischen Museum in Wien.

Etwa 40 Prozent dieser seltenen Funde bestehen aus Nickel und Eisen. Dass ein solcher Klumpen tatsächlich vom Himmel fiel, weiß man mit Sicherheit, wenn man ihn auseinandersägt, schleift, poliert und anätzt. Bei einem echten Meteoriten sind dann eigenartige Strukturen, die so genannten «Widmannstättenschen Figuren», zu sehen (Abb. 101). Sie sind ein sicheres Zeichen, dass es sich um einen echten Meteoriten handelt.

Auf Mineralienmessen werden Meteorite zum Kauf angeboten – billig sind sie nicht. Man kann sie im Grunde genommen überall finden: in der Wüste, auf dem Gletschereis, am Meeresgrund. Einen echten Meteoriten selbst zu finden ist wohl ein stiller Wunsch von vielen Menschen.

Meteore kopernikanisch gesehen

Man stellt sich vor, dass im Weltenall kleine Materieteile mit großer Geschwindigkeit umherirren. Es handelt sich um verirrte Planetoiden oder um Kometenteile. Man weiß jetzt, dass auch Teile von Mond und Mars dabei sind. Wenn sie in hohe Luftschichten der Erde gelangen, fangen sie durch die Reibungswärme an zu glühen. In den meisten Fällen verglühen die Stückchen ganz, dann war es eine Sternschnuppe. Größere Teile hinterlassen die nachleuchtende Spur. Nur selten gelangt ein nicht geschmolzener Teil als Meteorit bis auf die Erde.

Mehr oder weniger reichhaltige Sternschnuppenschwärme können beobachtet werden, wenn die Erde die Bahn eines Kometen kreuzt. Dort fliegen, so stellt man es sich vor, vom Kometen verlorene Materieteile umher. Insofern kann man die Meteore als kleine Kometen ansehen, die der Erde zu nahe gekommen sind und in der Lufthülle verglühen.

Die Erde trifft bei ihrem Gang um die Sonne immer wieder auf Stellen im Weltall, wo verlorene Kometentrümmer durch den Raum fliegen. Diese Materiestücke treffen die um die Sonne eilende Erde mehr auf ihrer Vorderseite als auf der Rückseite (bezogen auf die Bewegung), so wie jemand, der durch den Regen läuft, vorne nasser wird als hinten. In diesem Sinn vorne liegen bei der Erde immer die zweite Nachthälfte und der Vormittag (Abb. 39). Daher ist verständlich, dass grundsätzlich nach Mitternacht mehr Sternschnuppen erscheinen als vor Mitternacht. Diese Erscheinung ist eine weitere Stütze des kopernikanischen Weltbildes.

Geheimnisvoll sind die kurzen Lichter am Himmel und deren irdische Findlinge auf der Erde jedenfalls. Wer bei klarem Himmel eine Nachtwanderung macht, wird von manch einer Sternschnuppe überrascht werden. Heutzutage weiß man jedoch nie genau, ob es eine natürliche oder eine künstliche war. Viele Satelliten oder Teile davon enden auf diese Art. Ein ganzer Satellit erzeugt beim Vergehen schon ein beachtliches Licht.

Zusammenfassung

Kometen und Meteore sind Himmelserscheinungen, die überraschend auftreten.

Die Kometen haben kein eigenes Licht und gleichen in gewisser Weise den Planeten. Allerdings beschreiben sie eine sehr lang gezogene elliptische oder gar parabolische Bahn, die nicht an den Tierkreis gebunden ist. Kometen haben einen von der Sonne weggerichteten Schweif.

Die Meteore sind kleinere Materiestücke, die schnell durch das Weltall irren. Bei der Berührung mit der irdischen Luft kommen sie zum Glühen. So haben die Meteore kurzzeitig ein eigenes Licht. Die Sternschnuppen sind winzig kleine Meteore. Einen bis auf die Erde gefallenen Meteor nennt man «Meteorit». Dessen Echtheit kann durch die Widmannstättenschen Figuren erkannt werden.

Abb. 102: Der 280 g schwere Steinmeteorit Allan Hills 88004 an seiner direkten Fundstelle auf dem Blaueisfeld in der Antarktis. (Aus: *Fundgrube* 1992/1.)

Fünfter Teil: Sternenreise um die Erde

Reise nach Norden

Wir unternehmen in Gedanken eine Reise nach Norden über die Grenzen unseres Landes hinaus, nach Skandinavien. Als «Reisegepäck» nehmen wir die bisher erworbenen astronomischen Kenntnisse mit.

Schon im ersten Teil bei den Fixsternen wurde beschrieben, wie die Polhöhe die geografische Breite angibt. Daher ist zu erwarten, dass bei einer Reise nach Norden, in höhere geografische Breiten, der Polarstern steigt. So ist es auch. Alle 111 km (Luftlinie) steigt er um ein Grad höher. Wieso 111 km? Der Erdumfang beträgt am Äquator und auch über die Pole 40.000 km. Zwischen Äquator und Nordpol liegt gerade ein Viertel des Erdumfangs, also 10.000 km. Diese Entfernung, geteilt durch 90 (Anzahl der Breitengrade zwischen Äquator und Pol), ergibt 111 km. – Unser Land misst von Garmisch bis Flensburg etwa 800 km Luftlinie. Auf diese Entfernung steigt der Polarstern um gute sieben Grad; das entspricht etwa drei Fingerbreiten bei ausgestrecktem Arm.

In Oslo befinden wir uns auf dem 60. Breitengrad – hier sind die astronomischen Änderungen bereits deutlich bemerkbar. Mit dem Höhersteigen des Polarsternes wächst der Bereich der Zirkumpolarsterne; es gibt mehr Sterne, die nie auf- und untergehen. Dafür wird die Zahl der auf- und untergehenden Sterne im gleichen Maß geringer. Der Himmelsäquator ist weniger steil, liegt also flacher, Orion steht tiefer.

Zur Zeit der Tagundnachtgleiche, also am Frühlings- oder Herbstanfang, geht die Sonne auch auf unserer Reise wie zu Hause genau im Osten auf bzw. im Westen unter.

Die Auf- und Untergänge von Sonne, Mond und den Sternen fallen jedoch schräger nach Süden geneigt aus. Ein schrägerer Gang der Sonne bedeutet einen länger dauernden Sonnenauf- und -untergang. Auch die Dämmerungszeiten werden entsprechend länger. Zu Johanni ist die Sonne um Mitternacht nicht mehr tief unter dem Nordhorizont. Schon in Hamburg kann man zu diesem Zeitpunkt bei guten atmosphärischen Bedingungen und einem von künstlichem Licht freien Horizont einen schwachen Schimmer ahnen, denn die Sonne steht hier nur 13° unter dem Horizont.

Abb. 103: Am Polarkreis in Nordschweden.

Es sei eine kurze Betrachtung über die Dämmerungen eingeschaltet. Bis zu einem Sonnenstand von sieben Grad unter dem Horizont spricht man von einer «bürgerlichen Dämmerung». Die Astronomen sind anspruchsvoller; bei ihnen ist die Dämmerung erst bei achtzehn Grad beendet.

Zur Zeit der Sommersonnenwende, mit den längsten Tagen des Jahres, liegen die Stellen des Sonnenauf- und -unterganges in Nordeuropa weiter nördlich als in Mittel-

Abb. 104: Am Mittag eines 21. Dezember am nördlichen Polarkreis, Blick nach Süden.

europa. Das hat zur Folge, dass die Tage länger werden, als sie bei den Daheimgebliebenen sind. Die Nächte fallen entsprechend kürzer aus. Schließlich wird es um Mitternacht nicht mehr richtig dunkel – wir sind im Land der hellen Nächte, wo man um Mitternacht im Freien die Zeitung lesen kann. Im mittleren Skandinavien versieht man die Häuser gern mit großen Fenstern nach Norden, um in den hellen Sommernächten die herrlichen, lang andauernden Dämmerungsfarben betrachten zu können.

Im Norden Europas sind zur Zeit der Wintersonnenwende die Stellen der Sonnenauf- und -untergänge weiter nach Süden zusammengerückt als in Mitteleuropa. Das hat zur Folge, dass die Tage kürzer ausfallen, als wir es gewohnt sind. Die Nächte dauern entsprechend länger. Mit anderen Worten: Bei der Reise nach Norden ändern sich mit den Jahreszeiten die Tages- und Nachtlängen kräftiger als in Mitteleuropa. Der Unterschied zwischen Sommer und Winter ist dort deutlicher ausgebildet.

Die Stellen der Sonnenauf- und Untergänge im Sommer und Winter weichen in Oslo um 47° vom Ost- bzw. Westpunkt ab (in Mitteleuropa um 36°). Somit beträgt die jahreszeitliche Verschiebung 2 x 47°, das ist schon größer als ein rechter Winkel.

Am nördlichen Polarkreis

Schließlich, wenn wir zur Johannizeit genügend weit nach Norden gereist sind, treffen die Sonnenaufgangs- und die Sonnenuntergangsstelle im Norden zusammen. Die Sonne geht zu Johanni nicht mehr unter. Sie steht um Mitternacht im Nordhorizont; wir haben eine «Mitternachtsonne». Mit anderen Worten: Die Sonne ist für einen Tag «zirkumpolar» geworden. Dort, wo die Sonne einmal im Jahr, am 21. Juni, um Mitternacht gerade bis zur Hälfte untergeht, um sich gleich wieder zum neuen Tageslauf zu erheben, ist der «Polarkreis». Nordlandfahrer entdecken entsprechende Schilder an den Straßen und Gleisen (Abb. 103).

Machen wir die angedeutete Reise aber zur Zeit der Wintersonnenwende, sind entgegengesetzte Erscheinungen zu erwarten: Die Sonnenauf- und -untergangsstellen am Horizont wandern beide mit steigenden Breitengraden nach Süden. Die ohnehin schon kurzen Tage werden noch kürzer, die langen Nächte noch länger als daheim. Schließlich, am Polarkreis, zeigt sich die Sonne am 21. Dezember zur Mittagszeit im Süden für kurze Zeit nur noch halb (Abb. 104). Das Dämmerlicht dauert wenige Stunden, dann ist wieder dunkle Nacht, über zwanzig Stunden.

Die Auf- und Untergangsstellen der Sonne gehen also bei einer Reise nach Norden während der ersten Jahreshälfte

Abb. 105: Mitternachtssonne auf den Lofoten. Fünf Aufnahmen im Abstand von einer Stunde in Richtung Norden. Auf dem mittleren Bild ist «Mitternacht».

weiter auseinander, als wir es in Mitteleuropa gewohnt sind. Das Extrem kann am Polarkreis erlebt werden: Zu Johanni fallen Sonnenuntergang und -aufgang im Norden zusammen. Entsprechend fallen am Polarkreis an Weihnachten Sonnenaufgang und -untergang im Süden zusammen.

Das bekannte Pulsieren des Tierkreises kann am Polarkreis natürlich auch beobachtet werden. Mit dem Höhersteigen des Himmelspols im Norden ist ein Sinken des Himmelsäquators im Süden verbunden. Der Polarkreis ist die Stelle auf der Erde, wo der Tierkreis in der Flachstellung im Horizont liegt. Dies geschieht täglich einmal.

Der nördliche Polarkreis verläuft durch Lappland, berührt nördlich Island, quert Grönland, Alaska, Sibirien. Er ist vom Nordpol 23 $^1/_2$° entfernt, das heißt, er befindet sich auf 66 $^1/_2$° (90° – 23 $^1/_2$°) nördlicher Breite.

Wie verhält sich der Mond am Polarkreis? Von Interesse ist insbesondere der Vollmond in den langen Nächten. Grob gesagt, geht er an dem Tag, an dem die Sonne nur halb aufgeht, nur halb unter, denn der Vollmond steht auch hier der Sonne gegenüber. Der Mond hat aber fünf Grad «Freiheit», also kann es sein, dass er zum betrachteten Zeitpunkt bis fünf Grad über dem Nordhorizont steht oder für einige Zeit untertaucht.

In der Gegend des nördlichen Polarkreises sind in mondlosen Nächten Nordlichter am besten zu beobachten. Oft erscheinen sie wie wehende Vorhänge am nächtlichen Himmel oder wie Kronen über dem Horizont mit lautlos zuckenden Strahlen weit hinauf, immer in Bewegung. Die Farben gehen von Weiß über Gelb und Grün zum Rot. Zögernd sind sie im Auftreten, über Stunden können sie dauern, um dann plötzlich zu verlöschen. Die Sterne scheinen durch das zarte Licht hindurch. Wie alle astronomischen Ereignisse finden auch die Nordlichter in vollkommener Stille statt (Abb. 47).[14] In den höheren nördlichen Breiten sind wegen des längeren Tiefstandes der Sonne Regenbögen häufiger zu sehen als in Mitteleuropa.

Zusammenfassung

Für Nordlandreisende steigt der Polarstern höher, die Zahl der Zirkumpolarsterne wächst, die Auf- und Untergänge werden flacher, die Unterschiede der Tages- und Nachtlängen im Sommer und Winter bedeutender, die Dämmerungszeiten länger. – Am Polarkreis geht die Sonne einmal im Jahr nicht auf und einmal nicht unter.

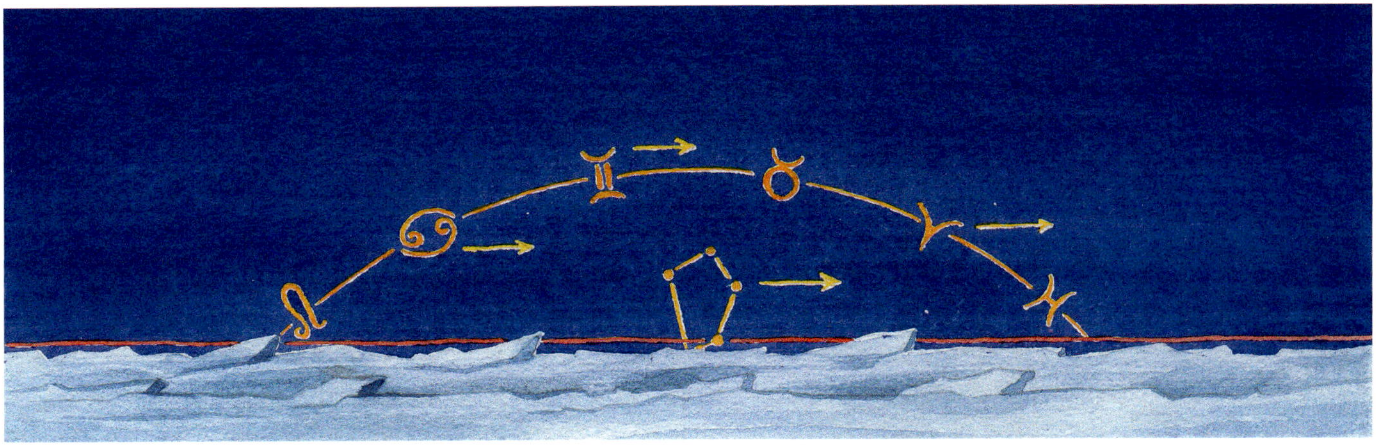

Abb. 106: Am Nordpol der Erde ist nur der obere Teil des Tierkreises zu sehen und nur der halbe Orion. Alle diese Sterne kreisen nach rechts um den Horizont.

Nördlich des Polarkreises

Den Teil der Erde nördlich vom Polarkreis nennt man «Nordkalotte» oder «nördliche Polkappe». Dort liegt der nördliche Teil Skandinaviens; wenn wir die norwegische Küste entlangfahren, erreichen wir kurz vor dem 70. Breitengrad die Stadt Tromsø. Auf der weiteren Reise nach Norden, wächst die Zahl der sonnenhellen «Nächte» im Sommer und die Dauer der Polarnacht im Winter. Am Nordkap, dem beliebten Reiseziel der Nordlandfahrer, geht die Sonne im Sommer sechs Wochen lang nicht unter. So lange gibt es dort keinen Sternenhimmel zu sehen (Abb. 105).

Das Erlebnis der Mitternachtssonne müssen die Bewohner der Nordkalotte mit ebenso vielen Tagen ohne Sonne im Winter «bezahlen». Zur Tagesmitte dämmert es nur. Weiter im Norden, in Spitzbergen auf 80° nördlicher Breite, gibt es die einige Monate andauernde «Polarnacht». Manche Menschen reisen in der dunklen Jahreshälfte dorthin, um die lange Nacht zu erleben.[25]

Die Polarnacht wird jedoch alle vier Wochen vom Vollmond erhellt. Der Vollmond beschreibt auch dort die Bahn der Sonne zur Johannizeit. Dies bedeutet, dass mitten in der Polarnacht der Vollmond nicht untergeht. Er steht am Mittag tief im Norden, um gleich wieder höherzusteigen.

Am Nordpol

Wenn wir die Reise lange genug fortgesetzt haben, über Spitzbergen hinaus, steht der Polarstern schließlich genau über uns, im Zenit. Wir sind am Nordpol auf 90° geografischer Breite angekommen. Wir stehen auf dem Eis eines etwa 4.000 Meter tiefen Meeres. Der Große Wagen kreist erstaunlich hoch um den Polarstern. Alle Sterne sind dort zirkumpolar. Jeder Stern kreist in einer bestimmten, stets gleich bleibenden Höhe über dem Horizont. Die Sterne wandern waagrecht von links nach rechts ringsum – das ist hier der tägliche Umschwung. Man sieht im Winterhalbjahr immer nur den nördlichen Sternenhimmel. Im Sommerhalbjahr laufen die gleichen Sterne am Himmel um; wegen der Helligkeit sind sie aber nicht zu sehen, die Sonne ist für ein halbes Jahr zirkumpolar.

Der Himmelsäquator fällt am Nordpol mit dem Horizont zusammen. Die obere Hälfte des Tierkreises ist immer über dem Horizont, die untere liegt immer darunter. Der Tier-

Abb. 107: Der Sonnenaufgang dauert am Nordpol über dreißig Stunden und geschieht jährlich nur einmal im Frühling.

kreis pulsiert nicht mehr. Vom Orion sind nur die oberen Sterne sichtbar (Abb. 106).

Nachdem der Tierkreis lediglich zur Hälfte zu sehen ist, kann die Sonne nur dann scheinen, wenn sie in der oberen Tierkreishälfte steht, also vom Frühlingsanfang über den Sommer bis zum Herbstanfang. Für dieses halbe Jahr geht die Sonne am Nordpol nie unter, der Polartag dauert ein halbes Jahr. Ebenso lange dauert am Nordpol die Polarnacht. Der Übergang von der Polarnacht zum Polartag geschieht durch einen über dreißig Stunden andauernden Sonnenaufgang. Dabei wandert die Sonne mehr als einmal um den ganzen Horizont herum (Abb. 107). Lange zuvor verrät sie sich durch einen ebenfalls am Horizont herumwandernden hellen Schein; das heißt, dem Sonnenaufgang geht eine wochenlange Dämmerung voraus. Die Sonne schraubt sich hoch, bis sie zur Sonnenwende, 23 $^{1}/_{2}$° über dem Horizont stehend, wieder den Rückzug antritt.

Ein Polartag dauert am Pol also ein halbes Jahr. So lange bleibt die Sonne ständig kreisend am Himmel. Die Tage werden nicht mehr durch die Nächte geteilt. Die Uhrzeit schätzt man am Nordpol nicht mehr aus der Sonnenhöhe, sondern aus der Richtung, in der die Sonne steht. Wegen der Eintönigkeit im Polareis dürfte dies jedoch schwierig sein. Leicht ist eine Sonnenuhr zu bauen: Der eingesteckte Stab wird von einer 24teiligen Kreisteilung umgeben, fertig.

Der Sonnenuntergang dauert genauso lange wie der Aufgang, gute dreißig Stunden. Die Sonne geht am Pol nicht mehr durch die tägliche Erddrehung auf- und unter, sondern durch das langsamere Weiterwandern im Tierkreis.

Was macht der Mond am Nordpol? Zur Polarnachtmitte, an Weihnachten, geht er innerhalb von knapp drei Stunden als zunehmender Halbmond am Horizont schleifend auf. Dieser Aufgang geschieht wie bei der Sonne nicht mehr durch den täglichen Umschwung, sondern durch sein Weiterwandern im Tierkreis. Danach schraubt er sich zunehmend hoch. Die größte Höhe hat er nach einer Woche als Vollmond erreicht. In seiner ganzen Pracht erhellt er mit seinem Licht die Eiswüste (Abb. 108). Anschließend kreist er eine Woche lang tiefer sinkend, um als abnehmender Halbmond langsam unterzugehen.

Abb. 108: Der Vollmond am Nordpol zu Weihnachten.

Es folgt eine vierzehntägige Pause. In dieser Zeit nimmt der Mond weiter ab. Er ist an anderen Stellen der Erde sichtbar, nicht am Nordpol. Sobald er nach der Neumondphase wieder fast bis zur Hälfte zugenommen hat, wiederholt sich das Schauspiel, allerdings etwas verschoben – verschoben insofern, als der Mond in Sichelform aufgeht, die ganze Fülle erst nach dem Höhepunkt erreicht und untergeht, noch bevor er halb abgenommen hat.

Kurz vor dem polaren Sonnenaufgang geht der Mond als schmale zunehmende Sichel auf, in der höchsten Stellung ist er nur halb, und als Vollmond geht er unter. – Entsprechend geht der Mond zur Zeit des polaren Sonnenuntergangs als Vollmond auf, schraubt sich abnehmend höher, erreicht als Halbmond die höchste Stellung und geht als abnehmende Sichel in der Dämmerung unter.

Die Höchststellung des Mondes beträgt im Mittel 23 ¹/₂° über dem Horizont. Weil aber der Mond bis zu 5° über oder unter der Ekliptik stehen kann, schwankt seine erreichbare Höhe zwischen 28 ¹/₂° und 18 ¹/₂°.

In der Polarnacht sind alle diejenigen Planeten zu sehen, die sich gerade in der oberen Tierkreishälfte aufhalten. Man könnte also vom Nordpol aus in der Polarnacht besonders gut den Planeten beim Schleifenmachen zuschauen, denn diese werden, wie wir wissen, in Opposition zur Sonne vollzogen. Auch am Nordpol kann Venus als Abend- oder Morgenstern am Himmel stehen. Merkur zeigt sich gelegentlich wie überall knapp über dem Horizont in den Dämmerungszeiten. Mitten in der Polarnacht sehen wir die beiden inneren Planeten vom Nordpol aus nie.

Zusammenfassung

Am Nordpol hat sich der Tag-Nacht-Rhythmus auf das ganze Jahr ausgeweitet. Es gibt hier Jahreszeiten, keine Tageszeiten mehr. Jedes Jahr bringt einen Sonnenauf- und einen -untergang mit wochenlangen Dämmerungszeiten. Hier sieht man alle Sterne der nördlichen Hemisphäre als Zirkumpolarsterne mit dem «oberen Teil» des Tierkreises; Sterne der südlichen Hemisphäre sind nie zu sehen.

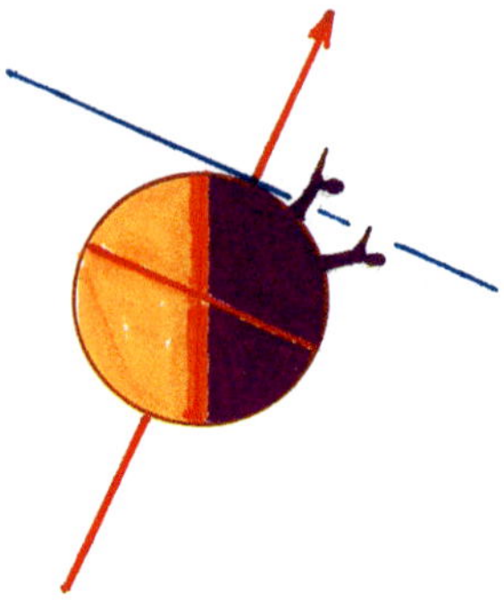

Abb. 109: Bei einer Reise nach Norden vergrößert sich die Höhe des Polarsternes. Der Himmelsäquator liegt am Pol im Horizont.

Abb. 110: Zu Johanni liegt die gesamte Nordkalotte im Sonnenlicht.

Abb. 111: An Weihnachten liegt die gesamte Nordkalotte auf der Schattenseite.

Kopernikanische Betrachtung der Nordreise

Erklären lassen sich die geschilderten Verhältnisse durch das Studieren der nebenstehenden Zeichnungen. Die Erdachse zeigt auf den Polarstern. Durch eine Bewegung auf der gekrümmten Erdoberfläche nach Norden vergrößert sich offensichtlich die Höhe des Polarsternes über dem Horizont (Abb. 109).

Ein am Nordpol stehender Mensch befindet sich in der Erdachse und dreht sich nur noch um sich selbst, daher erlebt er keine täglichen Auf- und Untergänge mehr. Der erweiterte Erdäquator ist der Himmelsäquator, der die nördliche Hemisphäre von der südlichen trennt. Die Horizontebene am Nordpol ist parallel zur Äquatorebene, daher ist vom Nordpol aus nur die Nordhemisphäre sichtbar. Der Erdradius, den die beiden Ebenen als Abstand haben, ist bei den riesigen Entfernungen der Gestirne unerheblich (Abb. 109).

Durch die Neigung der Erdachse um 23 $^1/_2$° bescheint die Sonne zu Johanni die ganze nördliche Polkappe (Abb. 110).[9] Die «oberste Stelle» liegt an der Grenze zwischen Tag- und Nachtseite der Erde auf dem Polarkreis. Dort ist die Mitternachtsonne gerade noch halb über den Nordpol hinweg sichtbar. Entsprechend liegt zur Weihnachtszeit der ganze Polarkreis auf der Nachtseite der Erde. Nur am «höchsten Punkt», zur Mittagszeit, wird die Sonne für kurze Zeit halb sichtbar (Abb. 111).

Reise nach Süden

Es ist zu erwarten, dass bei einer Reise nach Süden Entgegengesetztes geschieht wie auf der Reise nach Norden. So ist es auch. Schon nach der Überquerung der Alpen erkennen wir rückwärts blickend den niedrigeren Stand des Polarsternes. Folglich sind weniger Sterne zirkumpolar und mehr Sterne der Südhemisphäre zu sehen. In Venedig (45. Breitengrad) zeigen sich bereits die Hälfte aller Südsterne. Die Dämmerungszeiten fallen etwas kürzer aus, es wird rascher Tag und rascher Nacht. Das ist die Folge von einem steileren Auf- und Untergehen der Sonne. Selbstverständlich machen es die übrigen Gestirne ebenso. Durch das steilere Hochsteigen erreicht die Sonne das ganze Jahr über mittags eine größere Höhe, was sich auf das Klima auswirkt; das milde «Mittelmeerklima» ist bekannt. Bei längerem Aufenthalt im Süden ist der geringere Unterschied der Tages- und Nachtlängen zu den verschiedenen Jahreszeiten bemerkbar. Die Auf- und Untergänge der Sonne verschieben sich im Laufe des Jahres weniger stark, als wir es gewöhnt sind.

Am nördlichen Wendekreis

In Gedanken wandern wir auf der Erdkugel weiter nach Süden und erreichen Afrika. Angenommen, die Reise findet zu Johanni statt. Zu dieser Jahreszeit steht die Sonne in Mitteleuropa mittags schon beachtlich hoch über dem Horizont. Durch die Reisetätigkeit ist sie noch höher gestiegen. Schließlich sind wir so weit gereist, dass die Sonne am Johanni-Mittag im Zenit steht. Sie spiegelt sich zu dieser Zeit in tiefen Brunnenschächten. Die Gegend, in der die Sonne einmal im Jahr am Mittag genau im Zenit steht, nennt man «Wendekreis». Bereits wenige Tage später steht sie mittags nicht mehr ganz genau im Zenit, sondern etwas südlich davon. Ein Jahr später wird sie diesen höchstmöglichen Stand am nördlichen Wendekreis wieder erreichen.

Der nördliche Wendekreis umschließt genauso wie der Polarkreis die ganze Erde. Er trifft Afrika etwas südlich von Assuan, durchquert das Gangesdelta, teilt Taiwan, ist nördlich der Hawaii-Inseln zu finden, durchquert Mexiko und geht nördlich von Kuba in den Atlantik. Der Wendekreis liegt in der Mitte zwischen dem 23. und dem 24. Breitenkreis, also auf 23 1/2° geografischer Breite.

Auch am Wendekreis pulsiert der Tierkreis täglich zwischen flacher und steiler Stellung hin und her. Die Steilstellung ist dort zum Senkrechtstehen geworden. Das ganze Jahr über steht täglich einmal der Tierkreis senkrecht. Der Polarstern zeigt weiterhin die Nordrichtung an, er ist jedoch nur noch 23 1/2° über dem Horizont. Die Anzahl der Zirkumpolarsterne hat abgenommen; der Große Wagen z.B. gehort nicht mehr dazu, er geht für ein paar Stunden unter. Dafür sieht man für kurze Zeit Sterne im Süden, die bisher unbekannt waren. Hierzu gehört das Sternbild «Kreuz des Südens».

Auch der Mond steht gelegentlich im Zenit, unabhängig von seiner Phase. Weil er eine «Freiheit» von fünf Grad gegenüber der Ekliptik hat, besteht schon ab 28,5° geografischer Breite die Möglichkeit, ihn im Zenit zu finden. Spätestens ab 18,5° geografischer Breite quert er jeden Monat zweimal den Zenit.

Nadir heißt der dem Zenit entgegengesetzte Punkt. Er ist am Himmel nie zu sehen, denn er befindet sich genau unter uns, unter der Erde. Für unsere Antipoden ist er der Zenit. Am 21. Dezember steht die Sonne am nördlichen Wendekreis mitternachts im Nadir.

Vom nördlichen Wendekreis weiter nach Süden kommt ein Gebiet, in dem die Sonne zweimal im Jahr mittags im Zenit steht. Diese zwei Tage liegen in der Nähe des Wendekreises zeitlich nahe beieinander vor und nach dem 21. Juni. Je weiter wir nach Süden reisen, desto weiter rücken diese beiden besonderen Tage im Jahr auseinander.

Das Auf- und Untergehen der Gestirne ist bei der Annäherung an den Äquator in den niedrigeren geografischen Breiten sehr steil geworden, schon fast senkrecht. Es gibt kaum noch Zirkumpolarsterne zu sehen, dafür entdecken wir eine Menge neuer Sterne. Bei einer Seereise tauchen sie gleichsam aus der Tiefe des Ozeans auf. Der Polarstern steht tief im Norden noch knapp über dem Horizont. Im Laufe des Jahres verändern sich die Tages- und Nachtlängen nur noch wenig.

Am Äquator

Bei der Fortsetzung unserer Reise erreicht der Polarstern schließlich den Horizont. Wir sind am Äquator angekommen. Die Gestirne gehen senkrecht auf und unter (Abb. 112). Es gibt keine Zirkumpolarsterne mehr. Wenn man die Sterne des Abends und die des Morgens zusammennimmt, hat man alle fünftausend Sterne, die man mit bloßem Auge erkennen kann, gesehen.

Der Himmelsäquator spannt sich am Erdäquator vom Ostpunkt am Horizont über den Zenit zum Westpunkt.

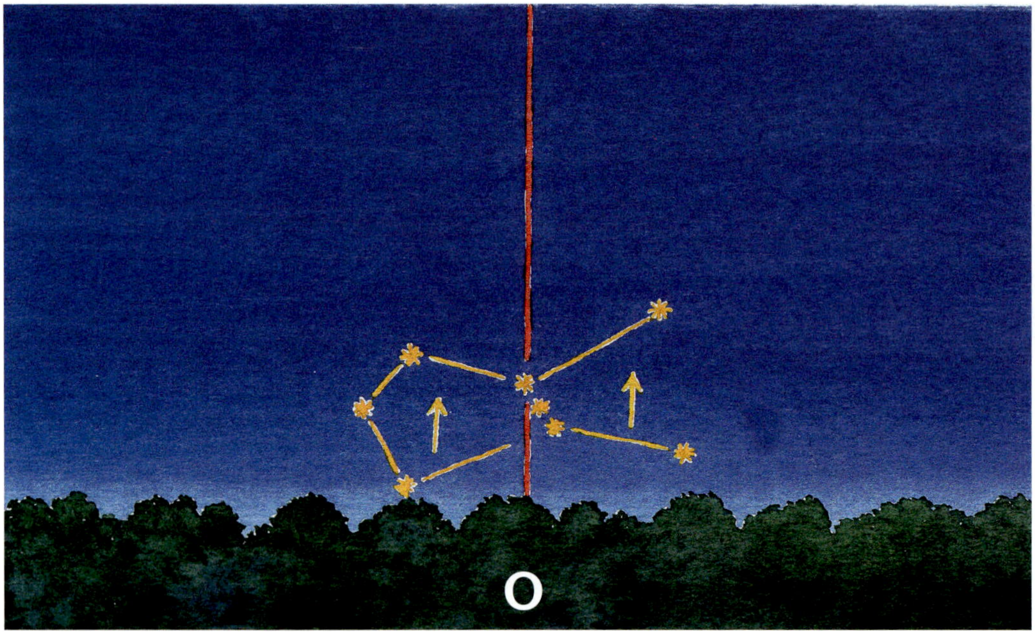

Abb. 112: Der aufgehende Orion am Äquator.

Beim Blick nach Süden ziehen die Sterne auf Halbkreisbahnen im Uhrzeigersinn (Abb. 113). Der Blick nach Norden zeigt Sterne, die gegen den Uhrzeiger auf Halbkreisbahnen laufen. Der Tierkreis ist einmal um 23 $^1/_2$° nach Süden geneigt und zwölf Stunden später ebenso weit nach Norden. In den Zeiten dazwischen steht er in 24 Stunden zweimal senkrecht und reicht von OSO über den Zenit nach WNW bzw. von ONO nach WSW.

Am Äquator strahlt die Sonne am 21. März und am 23. September (an unseren Äquinoktien) mittags aus dem Zenit. An diesen Tagen geht die Sonne auch am Äquator genau im Osten auf und im Westen unter. Im Verlauf eines Jahres ist ein symmetrisches Pendeln der Sonnenauf- und -untergänge um den Ost- bzw. Westpunkt bis zu 23 $^1/_2$° in südlicher und nördlicher Richtung zu beobachten. Nördlich steht die Sonne im europäischen Sommer, südlich im europäischen Winter.

Die Wanderung der Sonnenauf- und -untergangsstellen hat sich am Äquator nicht, wie man annehmen könnte, auf Null reduziert; ein Spielraum von 2 x 23 $^1/_2$° = 47° bleibt bestehen.

Die Sonne geht rasch auf, in zwei Minuten ist sie da. Ebenso schnell geht sie am Abend unter. Die Dämmerungszeiten sind daher für uns ungewohnt kurz. Afrikareisende erzählen, wie überraschend schnell jeweils die Nacht hereinbricht. Alle Tage sind am Äquator gleich lang, die Nächte auch – immer zwölf Stunden Tag, zwölf Stunden Nacht, jahraus, jahrein. Es gibt keine Jahreszeiten am Äquator, nur Regenzeiten.

Auch der Mond geht senkrecht auf. Als Vollmond steht er wie überall auf der Erde der Sonne gegenüber. Eine Besonderheit bringt jedoch der junge, sichelförmige Mond: Er liegt wie eine Schale nahe am Horizont über der untergegangenen Sonne (Abb. 114). Einen entsprechenden Anblick bietet die abnehmende Sichel am Morgenhimmel kurz vor Sonnenaufgang. Wegen des Schwankens des Mondes bis zu 5° von der Ekliptik weg steht die Mondsichel am Äquator nicht immer genau über der Sonne. Sie kann etwas links oder rechts von ihr stehen, dabei neigt sie sich entsprechend. Die Regel mit dem «A» und dem «Z» ist in äquatorialen Gegenden nicht mehr anwendbar.

Venus und Merkur, die sonnennahen Planeten, sieht

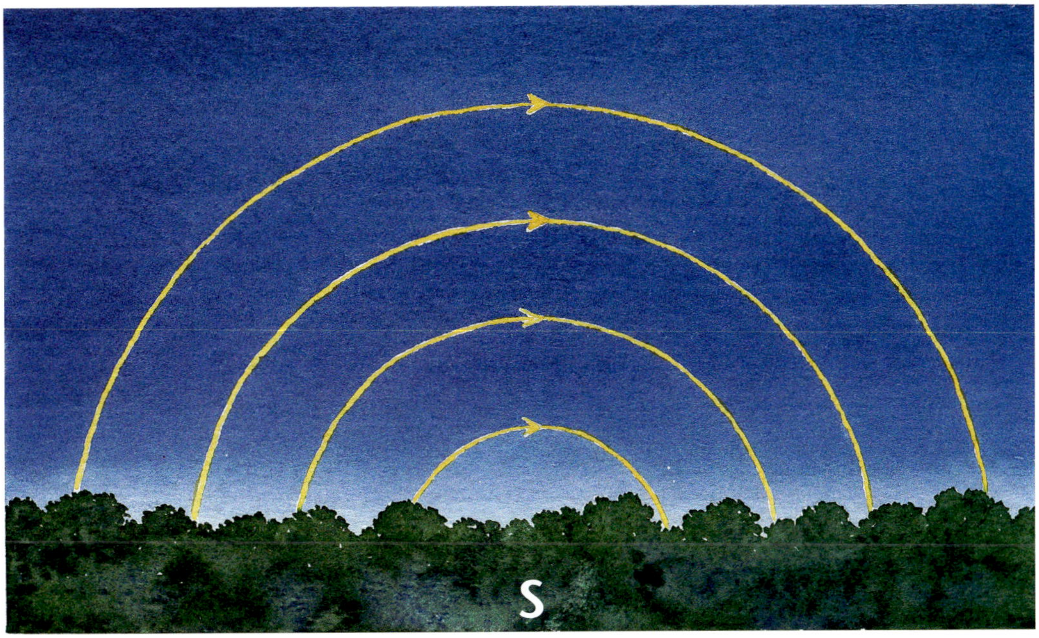

Abb. 113: Bahnen von Sonne, Mond und Sternen am Äquator beim Blick nach Süden.

Abb. 114: Untergang des jungen Mondes In den Tropen.

man vom Äquator aus besser. Der Grund dafür ist die steile Stellung des Tierkreises, die eine höhere Position der Planeten über dem Horizont und damit eine bessere Sichtbarkeit bewirkt.

Zusammenfassung

Die Himmelserscheinungen, die wir auf der Reise nach Norden wahrnehmen, werden bei einer Reise in den Süden umgekehrt erlebt: Der Polarstern sinkt, die Zahl der Zirkumpolarsterne nimmt ab, die Auf- und Untergänge werden steiler, die Unterschiede der Tages- und Nachtlängen in Sommer und Winter schwächer, die Dämmerungszeiten kürzer.

Am Wendekreis steht die Sonne einmal im Jahr mittags im Zenit. Am Äquator gibt es stets zwölf Stunden lange Tage und Nächte, somit keine Jahreszeiten mehr. Alle Gestirne gehen senkrecht auf und unter. Im Laufe einer Nacht sind alle Sterne zu sehen. Der dünne Mond liegt wie eine Schale am Himmel.

Kopernikanische Betrachtung der Äquatorgegend

Eine einfache Zeichnung macht uns die besonderen Erscheinungen in der Äquatorgegend verständlich (Abb. 115). In der Nord-Sommerstellung links wird für einen Menschen am Äquator die Sonne wegen der Schräglage der Erde zur Mittagszeit 23 $^1/_2$° nördlich vom Zenit stehen. Entsprechendes gilt für die Nord-Winterstellung rechts im Bild. Die Verschiebung beträgt nun 23 $^1/_2$° nach Süden. Vom nördlichen bzw. südlichen Wendekreis aus gesehen befindet sich die Sonne in den beiden äußeren Lagen im Zenit. Zur Frühlingszeit (hinten) steht die Sonne vom Äquator aus gesehen mittags im Zenit, denn die Schräglage der Erdachse kommt jetzt nicht zur Geltung.

Am Äquator sind zu allen Jahreszeiten die Tage und Nächte gleich lang, denn der Äquator liegt an jeder Stelle der Erdbahn zur Hälfte auf der beleuchteten und zur anderen Hälfte auf der unbeleuchteten Erdseite. Es ist leicht erkennbar, wie mit wachsender nördlicher bzw. südlicher geografischer Breite der Unterschied zwischen den Tag- und den Nachtlängen wächst. Der Wendekreis trifft auf der Zeichnung gerade den Punkt der Erdkugel, wo die Sonne noch im Zenit stehen kann. Nur ein Beobachter auf der «dicksten» Stelle der Erde, am Äquator, steht senkrecht zur Erdachse und erlebt deswegen immer senkrechte Auf- und Untergänge.

Auf der Südhalbkugel

Beim Weiterreisen vom Äquator aus in Richtung Süden gelangen wir auf die Südhalbkugel der Erde. Hier wiederholen sich alle geschilderten Phänomene in umgekehrter Reihenfolge. Aber auch manch eine Erscheinung wird buchstäblich umgedreht. «Auf der Südhalbkugel ist alles verkehrt herum», wird manchmal gesagt. Es soll geprüft werden, wie weit diese Aussage berechtigt ist.

Zunächst ändert sich nicht viel. Die Aufgänge der Gestirne liegen weiterhin in östlicher Gegend und die Untergänge in westlicher. Die Neigung der Sonnen- und Sternenbahnen ist nicht mehr nach Süden gerichtet, sondern nach Norden. Ab dem Äquator ist der Polarstern unsichtbar und dafür der Südpol des Himmels über dem Horizont. Er ist aber leider durch keinen auffallenden Stern gekennzeichnet.

Die Tage im Jahr, zu denen die Sonne mittags im Zenit steht, wandern wieder zeitlich zusammen, und zwar gegen unseren Winteranfang hin. Am südlichen Wendekreis, auf 23 $^1/_2$° südlicher Breite, treffen sie zusammen. Am 21. Dezember eines jeden Jahres steht die Sonne dort am Mittag im Zenit.

Eine kurze Anmerkung sei eingeschoben: Gelegentlich begegnet man den alten Namen für die Wendekreise. So sagt man zum nördlichen Wendekreis auch «Wendekreis des Krebses» und zum südlichen «Wendekreis des Steinbocks». Wegen des Wanderns der Äquinoktialpunkte im Tierkreis sind diese Bezeichnungen aber überholt.

Nach dem Überschreiten des südlichen Wendekreises können wir die Sonne nicht mehr im Zenit erleben. Sie steht dort mittags immer im Norden! Wir begannen die

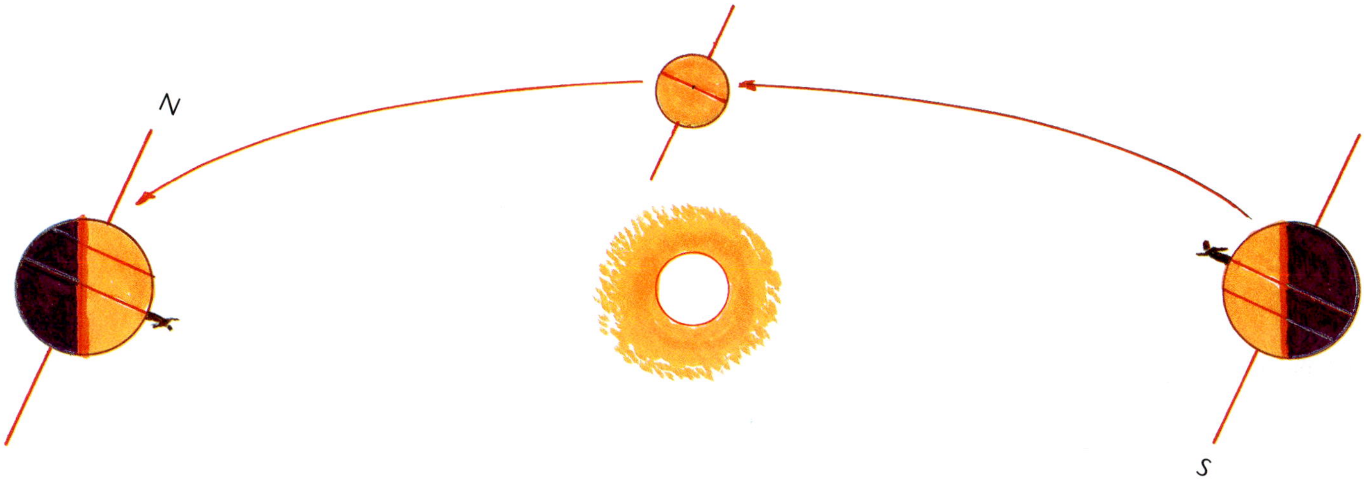

Abb. 115: Die beiden Männchen stehen am Äquator, sie zeigen zur Sonne, es ist Mittag. Zwischen beiden äußeren Positionen der Erde liegt ein halbes Jahr. Die Sonne wird links nördlich vom Zenit gesehen und rechts südlich. In der hinteren Position steht die Sonne vom Äquator aus gesehen im Zenit, die Erdachse steht quer.

Reise nach Süden mit der Mittagssonne vor uns. Jetzt haben wir beim Weiterwandern nach Süden die Sonne im Rücken; wir müssen uns umwenden, um sie im Norden zu finden. Durch das Umdrehen beobachten wir nun einen am Himmel von rechts nach links gerichteten Sonnengang. Diese Richtung des Sonnenganges ist für uns Europäer entgegengesetzt zur Gewohnheit. Selbstverständlich geht die Sonne weiterhin östlich auf und westlich unter. Der Mond schließt sich der neuen Bewegungsrichtung an. Der Himmelsäquator und der Tierkreis sind nach Norden geneigt, die Sterne und Planeten kulminieren ebenfalls im Norden, von rechts nach links ziehend. Die neuen Zirkumpolarsterne umkreisen den Himmels-Südpol im Uhrzeigersinn.

Noch einmal: Nachdem wir auf der Reise nach Süden irgendwo zwischen den beiden Wendekreisen die Sonne am Mittag einmal über uns im Zenit hatten, müssen wir uns spätestens nach dem südlichen Wendekreis umwenden, um die Sonne zu sehen. Jetzt steht sie am Mittag im Norden. Wir sind sozusagen auf der Reise unter der Sonne «hindurchgeschlüpft». Die Auf- und Untergänge bleiben östlich und westlich, wie gewohnt, aber die Sonne wandert jetzt im täglichen Umschwung von rechts nach links. Diese Tatsache bemerken die wenigsten europäischen Touristen, die die Südhalbkugel der Erde bereisen.

Ein Mädchen berichtete mir einmal von ihrer Reise nach Australien. Sie wollte dort auf einer Wanderung ein Foto machen, die Sonne stand jedoch ungünstig. Sie verschob daher die Aufnahme auf den Heimweg einige Stunden später. Betroffen musste sie aber feststellen, dass die Sonne jetzt noch ungünstiger stand als vorher. Sie hatte damit gerechnet, dass die Sonne nach rechts weiterzieht, tatsächlich wandert sie auf der Südhalbkugel in Australien aber nach links.

Je weiter wir die Reise nach Süden fortsetzen, desto deutlicher werden die Jahreszeiten wieder spürbar. Sie stehen jedoch im Gegensatz zu den Jahreszeiten unserer Heimat. Wenn wir in Europa Winter haben, ist auf der

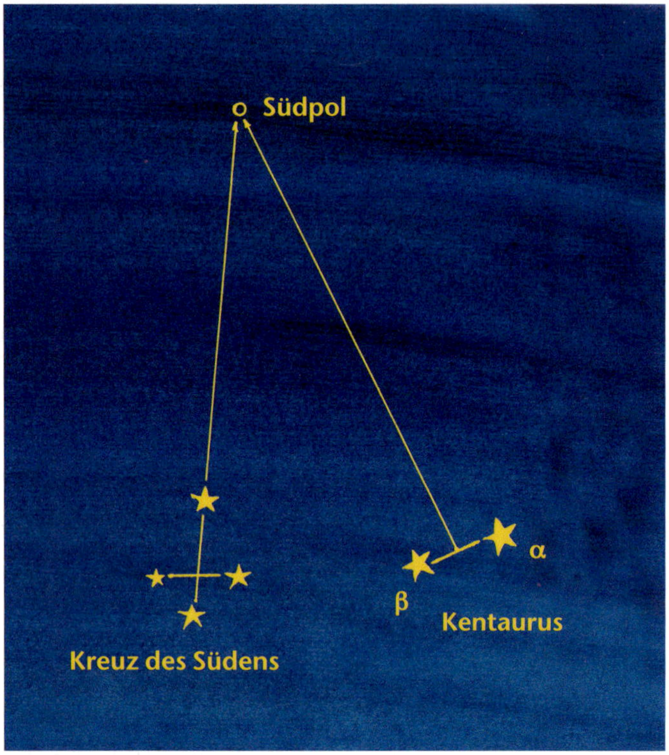

Abb. 116: Das Auffinden des Südpols am Himmel: Wegweiser auf der Südhalbkugel.

Südhalbkugel Sommer und umgekehrt. Ebenso ist auf der Südhalbkugel Herbst, wenn hier Frühling ist und umgekehrt.

Wenn ein Europäer im Sommer das Wintersternbild Orion sehen möchte, könnte er auf den Gedanken kommen, auf die Südhalbkugel zu reisen, um es zu sehen, denn dort ist ja gerade Winter. Ein Trugschluss! Die Sonne steht im Nordsommer nahe am Orion, daran ändert eine große Reise auf der Erde nichts. Orion ist auf der Südhalbkugel ein Sommersternbild. Entsprechendes gilt für alle anderen jahreszeitlich charakteristischen Sternbilder.

Es wurde bereits erwähnt, dass auf der Südreise neue Sterne auftauchen. Ab dem nördlichen Wendekreis ist es möglich, das «Kreuz des Südens» zu entdecken. Dieses Sternbild, das kleinste überhaupt, hat vier fast gleichmäßig verteilte Sterne und weist zum Südpol des Himmels. Er befindet sich in der vierfachen Verlängerung der größeren Achse des Kreuzes. Man kann auch die beiden hellen Sterne in der Nähe, die beiden «Pointers», zu Hilfe nehmen. Die Mittelsenkrechte von deren Verbindungslinie schneidet die verlängerte Kreuzachse im Südpol des Himmels (Abb. 116). Auf der Südhalbkugel gibt es keinen Polarstern, der Südpol des Himmels ist sternenleer.

In den südlichen Nächten hat man den sternenreichsten Himmel vor sich. Die beiden genannten Pointers gehören zum «Kentaurus». Diese Sagengestalt (menschlicher Oberkörper auf einem Pferderumpf) umschließt das Kreuz halb. In der Nähe befinden sich die Sternbilder «Segel» und «Schiffskiel», beide gehören zum Schiff «Argo» aus der griechischen Sage. Auffallend ist der Hauptstern des Kiels an dessen Ende, «Canopus». Es handelt sich um den zweithellsten Fixstern überhaupt (nach dem Sirius). Die prächtige südliche Milchstraße geht zwischen den genannten Sternbildern hindurch. Am Südhimmel ist sie besonders intensiv, in mondlosen Nächten glüht sie nahezu (Abb. 117).

Wer das Glück hat, einmal unter dem nächtlichen Südhimmel zu stehen, sollte nicht versäumen, auch nach den beiden Magellanschen Wolken Ausschau zu halten. Sie sehen mit bloßem Auge so aus wie zwei von der Milchstraße abgetrennte Gebiete. Diese beiden, die große und die kleine Maggellansche Wolke (GMW und KMW) befinden sich in den Sternbildern «Schwertfisch» und «Tukan». Sie sind wie der Andromedanebel des Nordhimmels zwei «Galaxien». Diese drei Gebilde sind die einzigen Spiralnebel, die man mit bloßem Auge sehen kann.

Eine weitere Überraschung ist, dass die uns von Europa bekannten Sternbilder nur zum Teil zu sehen sind und auf dem Kopf stehen: Orion steht auf dem Kopf, der Löwe liegt am Rücken usw. Die beiden Bären sind nicht zu sehen; sie sind bei uns zirkumpolar und daher im Süden stets unter dem Horizont. In den mittleren südlichen Breiten, etwa in Kapstadt, Buenos Aires, Neuseeland, Tasmanien, sind einige uns fremde Sternbilder des Südens immer sichtbar, also zirkumpolar. Hierzu gehört auch das Kreuz des Südens. Die Sterne kreisen im Uhrzeigersinn um den Himmels-Südpol.

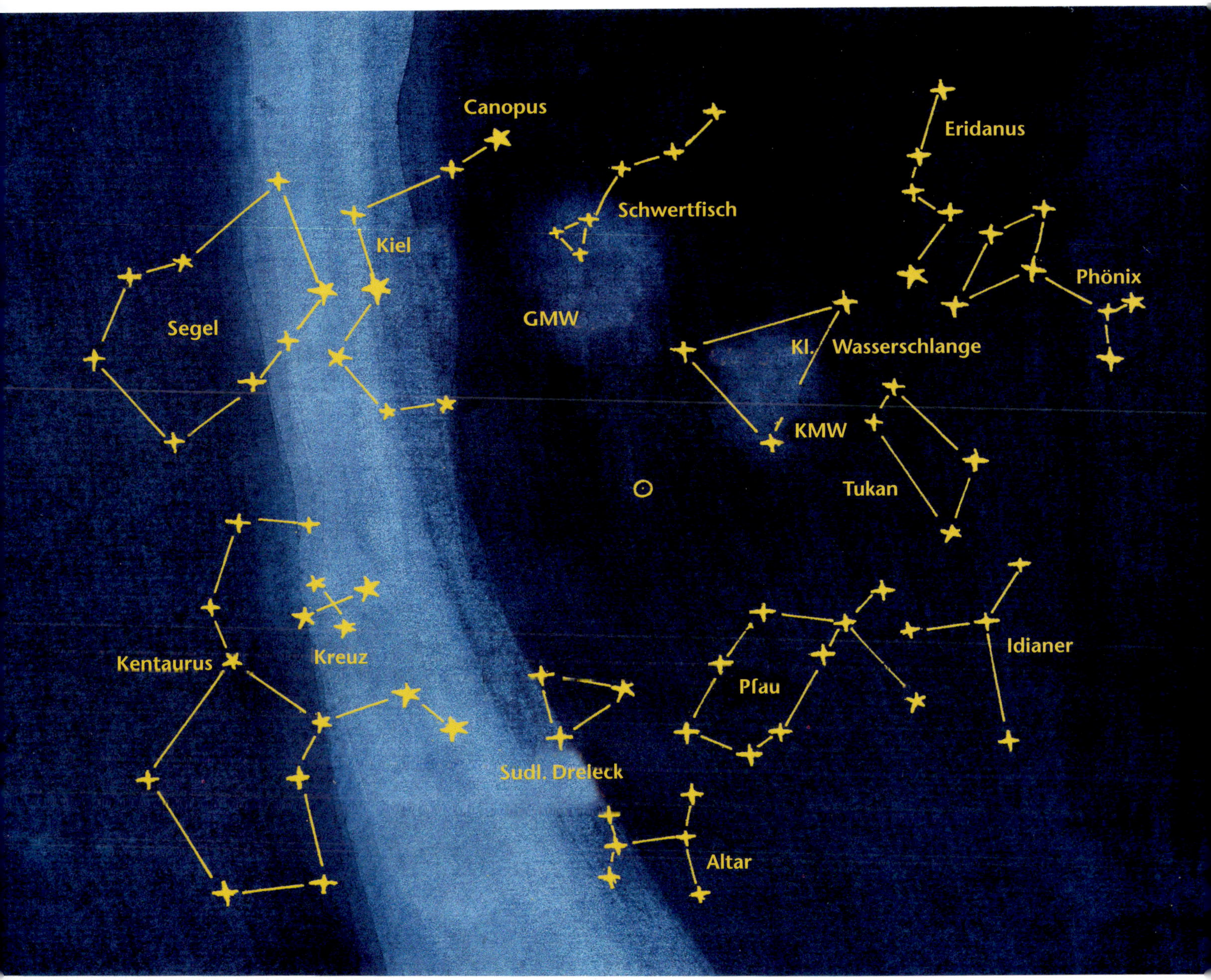

Abb. 117: Die Umgebung des sternlosen Südpols am Himmel.

Eine drehbare Sternkarte des Südhimmels leistet gute Dienste.[26]

Der Tierkreis wechselt seine Stellung auf der Südhalbkugel wie in Europa, jedoch über dem Nordhorizont. Die höchsten Sternbilder sind Skorpion und Schütze, die tiefsten Stier und Zwillinge. Die Sternbilder stehen nicht nur auf dem Kopf, es ist auch die gewohnte Reihenfolge vertauscht. Beispielsweise befindet sich der Stier links (aber immer noch westlich) von den Zwillingen. Die Sonne wandert im Laufe eines Jahres von links nach rechts (wie in Europa von West nach Ost) durch den Tierkreis.

Der Mond nimmt am Südhimmel genauso zu und ab wie bei uns, aber die «Regel mit dem Z und dem A» gilt nicht mehr; auch der Mond ist am Äquator umgedreht worden. Wie die Sonne wandert er nach rechts durch den Tierkreis.

Eine interessante Beobachtung machte ein Freund von mir während eines Flugs von Amsterdam nach Kapstadt: Er hatte einen Fensterplatz auf der rechten Seite des Flugzeugs, das – wie bei den meisten Fernflügen – am Abend startete. Es nahm südlichen Kurs, sodass mein Freund Sicht nach Westen hatte. Es war zunehmender Halbmond. Der Mond stand zunächst so, wie wir das gewöhnt sind: die runde Seite nach rechts unten geneigt. Im Verlaufe des Fluges senkte sich der Mond weiter zum Westhorizont, aber mein Freund beobachtete gleichzeitig eine Drehung des Mondes; dieser legte sich flacher. Gegen Mitternacht ging der Mond unter, wie es sich gehört. Dabei lag er aber fast ganz flach, das heißt, seine runde Seite zeigte nach unten. Das Flugzeug befand sich in der Nähe des Äquators. Als mein Freund am nächsten Abend in Südafrika zum Mond blickte, war dieser nach unserer Regel «abnehmend»!

Nachdem in den mittleren südlichen geografischen Breiten alle Sternbilder des Tierkreises gesehen werden können, lassen sich auch alle Planeten auf der Südhalbkugel in den gleichen Konstellationen wie bei uns beobachten. Nur die Laufrichtung ist anders herum. Hier darf ein kleines persönliches Erlebnis eingefügt werden: Im Deutschen Museum in München wurde vor Jahren die Abteilung «Astronomie» nach einem Umbau neu eröffnet. Mit Freuden entdeckte ich die Marsschleifen, optisch in Bewegung dargestellt. Aber ich traute meinen Augen nicht: Der Mars lief falsch herum durch den Tierkreis! So entschloss ich mich zu einem Brief: «Liebes Deutsches Museum ...» Prompt kam die Antwort: «Sie sind der Dritte, der es gemerkt hat ...» Es folgte eine entschuldigende technische Erklärung, warum der Planet im Deutschen Museum falsch herum läuft. Das Ende des Briefes lautete völlig richtig: «Aber bitte bedenken Sie, auf der Südhalbkugel stimmt die Laufrichtung.» Es lagen außerdem zwei Freikarten bei.

Die von der Erddrehung erzeugten Luftwirbel in den Tiefdruckgebieten drehen sich auf der Südhalbkugel im Uhrzeigersinn.

Der südliche Polarkreis umfasst den antarktischen Kontinent. Auch dort gibt es Polarlichter, sie heißen «Südlicht» oder «Aurora australis». Am Südpol der Erde (er liegt unter einer mehrere Kilometer dicken Gletschereisschicht) sind alle am Nordpol nicht sichtbaren Sterne versammelt. Es sind die Sterne der südlichen Hemisphäre zu sehen, dagegen kein einziger Stern der Nordhemisphäre. Auch hier kreist die Sonne im täglichen Umschwung ein halbes Jahr lang am Himmel, und zwar nach links, gerade dann, wenn am Nordpol die Polarnacht herrscht.

Zusammenfasung

Auf der Südhalbkugel jenseits des südlichen Wendekreises gibt es wieder Jahreszeiten, die entgegengesetzt zu denen auf der Norhalbkugel verlaufen. Die Sonne zieht über den Nordhimmel von rechts nach links. Der zu- und der abnehmende Mond ist jeweils anders herum zu sehen als von der Nordhalbkugel aus. Der Südhimmel zeigt uns neue Sternbilder, z.B. das Kreuz des Südens. Die uns bekannten Sternbilder stehen auf dem Kopf.

Weltreisen nach Norden und nach Süden im Vergleich

Bei größeren Reisen in nördlicher oder südlicher Richtung ändern sich die astronomischen Erscheinungen gründlich:

- In *Mitteleuropa* kennen wir den Wechsel von Tag und Nacht sowie den Wechsel der Jahreszeiten.
- An den *Polen* der Erde gibt es nur Jahreszeiten: Polartag und Polarnacht, jeweils ein halbes Jahr. Lange Dämmerungen liegen in den Übergangszeiten. Es kann von dort nur die Hälfte aller Sterne gesehen werden. Der Himmelsäquator liegt im Horizont.
- Am *Äquator* gibt es keine Jahreszeiten, nur gleich lange Tageszeiten, jahrein, jahraus. Die Dämmerungszeiten sind extrem kurz. Alle Sterne des Himmels können im Verlauf einer jeden Nacht gesehen werden. Der Himmelsäquator geht durch den Zenit.
- Die *zwei Polarkreise* sind die Grenzen zu den polnahen Gebieten, in denen mindestens einmal im Jahr die Sonne nicht untergeht. Die *zwei Wendekreise* sind die Grenzen zur äquatornahen Zone, in der die Sonne zweimal im Jahr im Zenit steht.
- An jeder Stelle der Erde ist über das ganze Jahr gesehen gleich viel Tageslicht und gleich viel Nacht, nämlich ein halbes Jahr. Die Verteilung des Lichtes ist jedoch verschieden: Am Äquator findet der Wechsel täglich statt, an den Polen jährlich. Ein weiterer Unterschied ist der Einfallswinkel der Sonnenstrahlen: Am Äquator ist er zeitweise senkrecht, an den Polen stets flach. So sind die enormen Klimaunterschiede verständlich.

Die beschriebenen Erscheinungen am Sternenhimmel in verschiedenen Weltengegenden sind nicht einfach zu überblicken. Leichter kann man die Vorgänge an einem drehbaren Modell verstehen; man nennt es «Armillarsphäre». Dieses Gerät wird schon lang benützt und in einschlägigen Museen in verschiedenen Ausführungen und Größen gezeigt. Es enthält drehbar die Ekliptik, den Himmelsäquator, feststehend den Horizont und kann auf alle gewünschte Breitengrade eingestellt werden (Abb. 118). Der innere drehbare Teil zeigt geozentrisch die Bewegung des

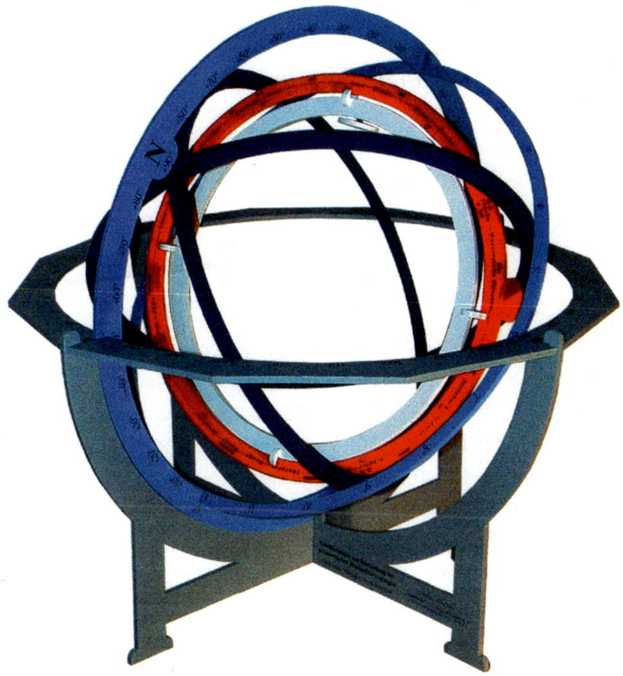

Abb. 118: Armillarsphäre (Foto: Astro Media).

Tierkreises. Sonne und Mond können den Jahreszeiten entsprechend an passender Stelle eingesetzt werden. Die Lager der Sphäre sind die Pole am Himmel. «Astro Media» liefert solche Armillarsphären in verschiedenen Größen und Preislagen.[1]

Reisen nach Osten und Westen

Zeitverschiebungen

Bisher wurden die Reisen nach Norden und nach Süden untersucht. Dabei gab es grundlegende astronomische Veränderungen. Anders ist das bei Reisen nach Osten oder Westen. Solange man auf einem Breitenkreis der Erde bleibt, ändern sich die Geschehnisse am Sternenhimmel nicht, sie treten nur zu anderen Zeiten in Erscheinung. Konkret: Auf-

und Untergänge sowie Kulminationen finden früher bzw. später statt.

Am deutlichsten macht sich der Zeitunterschied an der Sonne bemerkbar. Bei einer Reise nach Osten bewegen wir uns dem täglichen Umschwung entgegen. Die Sonne geht früher auf, kulminiert früher und geht früher unter als daheim. Während der Reise werden die Tage und auch die Nächte kürzer. Umgekehrtes geschieht bei einer Reise nach Westen, wo wir uns mit dem täglichen Umschwung bewegen. Dabei treten die astronomischen Geschehnisse später ein als zu Hause, die Tage sind während der Reise länger. Am Reiseziel angekommen, haben die Tage und Nächte natürlich wieder die gewohnte Länge.

Am Reiseziel müssen wir die mitgenommenen Uhren verstellen: bei Ostreisen nach vorn, bei Westreisen zurück. Wir schieben also die Uhrzeit so zurecht, dass sie wieder mit den neuen örtlichen Tageszeiten übereinstimmt. An den Reisezielen in Ost und West gehen die Uhren anders, als wir es gewöhnt sind, daher spricht man von einer «Zeitverschiebung». Wir hoffen, dass der Organismus sich ebenfalls angleicht.

Beim Telefonieren über weite Entfernungen nach Osten oder Westen sollte man sich vorher immer überlegen, welche Tageszeit beim angerufenen Teilnehmer gerade herrscht. Zwischen Deutschland und Japan z.B. beträgt die Zeitverschiebung acht Stunden, entsprechend einem Drittel des Erdumfanges. Man sollte daher schon am frühen Nachmittag dort nicht mehr anrufen, denn in Japan geht es auf Mitternacht zu. Andererseits ist es auch nicht empfehlenswert, vormittags in New York anzurufen. Dort schläft man noch; die Wecker klingeln sechs Stunden später, zu unserer Mittagszeit. Die amerikanische Ostküste ist von Europa ein Viertel des Erdumfangs entfernt.

Die jeweils «verlorene» bzw. «gewonnene» Zeit wird auf der Rückreise ausgeglichen. Anders ist es für Menschen, die eine Reise rund um die Erde unternehmen. Als der erste Weltumsegler gilt Magellan. Er kam zwar auf den Philippinen ums Leben, aber eines seiner anfangs fünf Schiffe kam mit einer dezimierten und erschöpften Mannschaft nach drei Jahren doch wieder in Spanien an. Die Seeleute hatten die ganze Zeit über einen Kalender genau geführt. Sie glaubten, am Freitag, den 5. September 1521 angekommen zu sein, mussten aber zur Kenntnis nehmen, dass es bereits Samstag, der 6. September war. Schon am nächsten Tag war Sonntag, und sie konnten zur Kirche gehen und dort für die glückliche Heimkehr danken. – Durch die stete Fahrt nach Westen, der Sonne nach, wurden für die Weltumsegler alle Reisetage etwas länger. Im Verlauf der ganzen Reise summierten sich die Verlängerungen zu einem ganzen Tag auf. Sie hatten einen Tag weniger erlebt als die Daheimgebliebenen und glaubten daher mit einem gewissen Recht, dass es Freitag sei. Die Seeleute hatten zwar einen Tag weniger durchlebt, dafür waren aber ihre Reisetage etwas länger als normal. Wegen der geringen Geschwindigkeit der damaligen Segelschiffe und dem Fehlen genau gehender Uhren fiel die Zeitveränderung nicht auf. Tage, an denen sie vor Anker lagen und den Standort nicht änderten, hatten natürlich die gewohnte Dauer.

In Jules Vernes Roman *Reise um die Erde in 80 Tagen*[27] glaubt Phileas Fogg, der Held der Geschichte, seine Wette verloren. Er ist nach seiner Zählung am 80. Tag nicht rechtzeitig zurückgekommen. Die Reise ging nach Osten. Durch einen Zufall bemerkt sein Diener, dass man daheim in London nur 79 Tage gezählt hatte. In aller Eile berichtet er seinem Herrn davon, sodass dieser sich gerade noch rechtzeitig an den vereinbarten Ort begeben konnte. Damit war die Wette doch gewonnen.

Während die geografische Breite z.B. durch die Höhe des Polarsternes über dem Horizont überall leicht festgestellt werden kann, war die Bestimmung der geografischen Länge, insbesondere auf See, lange Zeit problematisch. Man muss dazu mit einer Uhr die Zeit vom Ausgangsort mitnehmen und nach einer gewissen Fahrt in Ost- bzw. Westrichtung am Gang der Sterne feststellen, um welche Zeitspanne sie «falsch» geht. Es war früher außerordentlich schwierig, Uhren zu bauen, die auf den schwankenden Schiffen über längere Zeit genau genug gehen. Die Verwendung eines Perpendikels kam auf Schiffen nicht in Frage. Erst im Jahre 1736 baute der britische Tüftler John Harrison die erste Uhr, die sich zur Feststellung des Längengrades auf See bewährte. Er war Schreiner und hatte das Uhrmacherhandwerk nie offiziell erlernt. Den ausgesetzten hohen Geldpreis hat weder er noch ein anderer Uhrenbauer je empfangen können.[28]

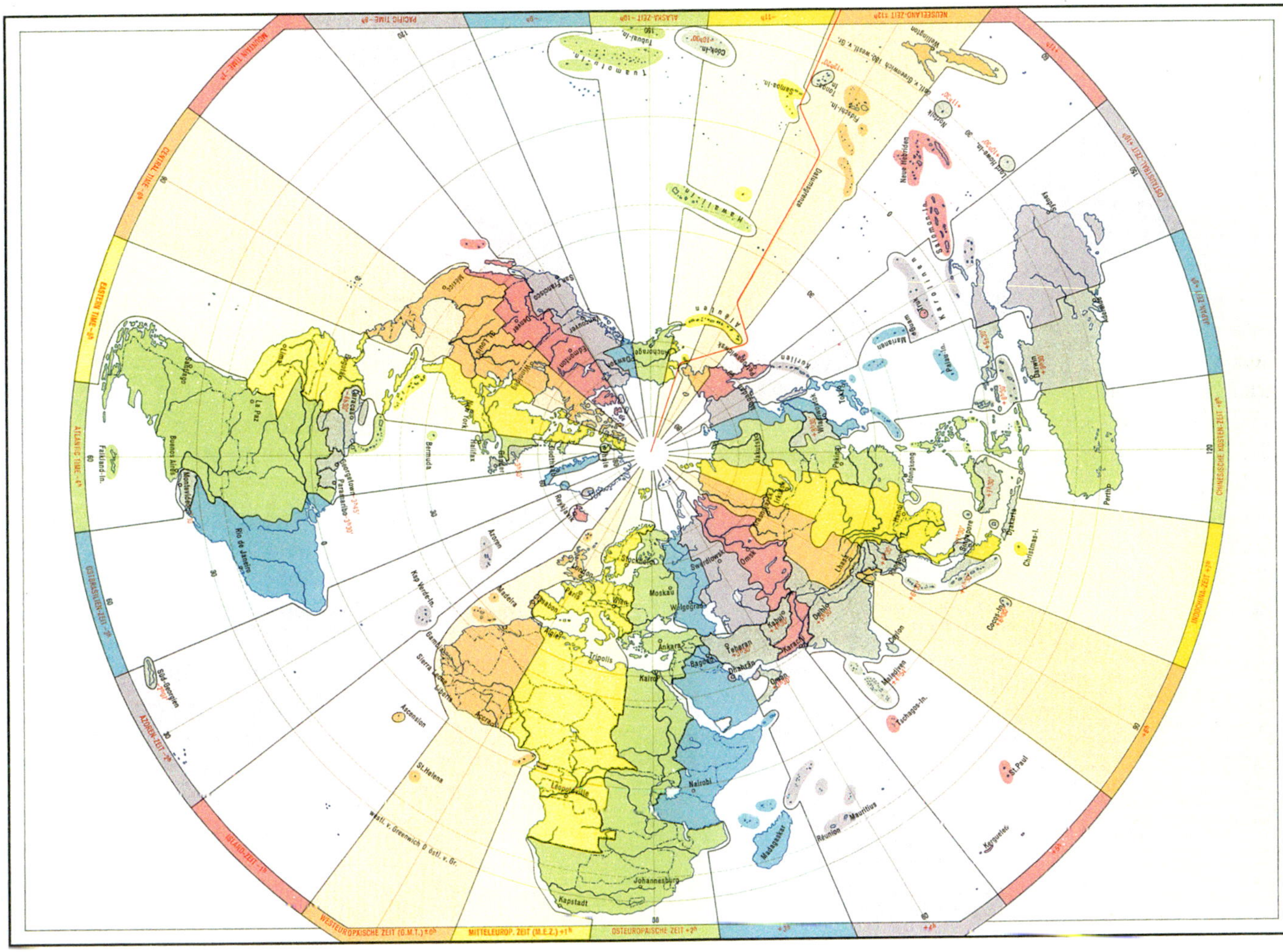

Abb. 119: Die Zeitzonen der Erde.

Die Zeitzonen

Die Erde ist ringsum in 360 Längengrade eingeteilt, und sie dreht sich in 24 Stunden einmal herum. In einer Stunde kommt die Erde 360° : 24 = 15° weit. Auf einer Ost- oder Westreise ist also alle 15 Längengrade die Uhr um eine Stunde zu verstellen. Anders ausgedrückt: Beim Reisen von einem Längengrad zum nächsten ändert sich die Ortszeit um vier Minuten. Am Äquator liegen zwischen zwei Längenkreisen 111 km, am 50. Breitengrad jedoch nur noch 71,5 km.

Aus praktischen Gründen hat man «Zeitzonen» eingeführt, in denen die Uhren nicht verstellt werden. Diese sind durch Staatsgrenzen und Küsten begrenzt, teilweise auch durch Längengrade. An der französischen Atlantikküste beispielsweise geht die Sonne fast eine ganze Stunde später auf und unter als in München, und doch liegen beide

Gegenden in der gleichen Zeitzone. Beide Orte richten sich nach der «mittel-europäischen Zeit» (MEZ). In jedem besseren Weltatlas findet man eine Karte der Zeitzonen (Abb. 119).

Die eben beschriebene Einteilung der Erde in Zeitzonen wurde durch die Einführung der Eisenbahnen nötig; sie ist praktisch, aber nicht korrekt. Es kulminiert die Sonne nicht für alle Bewohner einer Zeitzone genau um 12 h mittags. Für weiter östlich wohnende Menschen kulminiert sie zu früh, d.h. vor 12 Uhr, für weiter westlich wohnende Menschen zu spät. Um 12 Uhr MEZ kulminiert die Sonne in Görlitz. Diese Stadt liegt auf dem 15. östlichen Längengrad. Der nullte Längengrad geht durch die Sternwarte in Greenwich bei London; so wurde es festgelegt.

An den Polen der Erde stoßen die Grenzlinien der Zeitzonen zusammen. Die Antarktis ist heutzutage der Mittelpunkt verschiedener Interessen und daher von Forschungsstationen verschiedener Länder aus diversen Zeitzonen besiedelt. Welche Zeit also gilt in der Antarktis? Weil fast alle Flüge in die Antarktis von Neuseeland ausgehen, hat sich die Zeit dieses Landes in der Antarktis eingebürgert. Sie ist gegenüber unserer MEZ um 12 Stunden verschoben.

Während es bei Nord- oder Südreisen nicht sinnvoll ist, die heimische drehbare Sternkarte mitzunehmen, kann man sie bei Ost- oder Westreisen getrost einpacken. Sofern die Reiseroute in mittleren geografischen Breiten verläuft, ist die Karte brauchbar. Sogar die Zeitverschiebung muss nicht berücksichtigt werden.

Datumsgrenzen

Damit den vielen Weltreisenden heutzutage nicht wieder so etwas passiert wie den Seeleuten Magellans und Phileas Fogg, hat man eine Datumsgrenze festgelegt. Sie verläuft dort, wo kaum Land ist auf der Erde, also mitten durch den Pazifik und die Beringstraße. Wer diese gedachte Linie überquert, muss das Datum ändern, wenn er mit dem Kalender der übrigen Welt weiter in Übereinstimmung bleiben will: von Ost nach West einen Tag nach vorne, von West nach Ost um einen Tag zurück.

Man kann auch noch von einer zweiten Datumsgrenze sprechen. Diese Grenze ist nicht auf der Erde fixiert, sie umläuft ständig die Erde von Ost nach West und ist die Mitternachtslinie. Wo sie «vorbeikommt», wechselt das Datum.

Geozentrisch gesehen ist die geografische Datumsgrenze fest, die zweite (astronomische) beweglich. Heliozentrisch gesehen verhält es sich umgekehrt: Die geografische Datumsgrenze dreht sich mit der Erde mit, die astronomische ist stets der Sonne abgeneigt.

Zusammenfassung

Aus praktischen Gründen hat man für ganz Mitteleuropa eine Zeitzone eingeführt, in der alle Uhren nach der MEZ (mitteleuropäischen Zeit) gehen. Auch für andere Gegenden der Erde gibt es solche Zeitzonen. Bei Reisen in andere Zeitzonen muss die Uhr entsprechend verstellt werden: Bei Reisen nach Osten vor und bei Reisen nach Westen zurück. Außerdem gibt es etwa gegenüber dem nullten Längengrad eine Datumsgrenze.

Steht die Sonne wirklich still?

In kopernikanischer Sichtweise steht die Sonne als Zentrum des Planetensystems still. Diese Vorstellung hat uns zum Verständnis der Himmelserscheinungen sehr geholfen. Ist das aber auch richtig?

Mit großen optischen Instrumenten erkennen die Astronomen Spiralnebel, so genannte «Galaxien». Das Weltraumteleskop «Hubble» zeigt uns im Durchschnitt achtzig solche Gebilde auf einer Himmelsfläche, so groß, wie der Vollmond bedeckt. Sie haben Linsenform und sehen so aus, als ob sie sich drehen würden. Die Astronomen konnten diese Annahme durch feine Beobachtungen bestätigen.

Diese Spiralnebel sind Ansammlungen von Sternen.

Auch unser Stern, die Sonne, befindet sich in einer solchen Sterneninsel. Den Rand unseres Heimat-Spiralnebels sehen wir, das ist die Milchstraße. Und unser Spiralnebel, das «Milchstraßensystem», dreht sich auch und nimmt dabei die Sonne und alle ihre Planeten mit.

Außerdem, so stellten die Astronomen fest, bewegen sich die Galaxien untereinander auch noch. Das alles wusste Kopernikus nicht. Trotzdem ist seine Lehre heute noch eine Hilfe für uns.

Auf der Reise zum Mond

Es sind bereits Menschen zum Mond gereist und tatsächlich wieder heil zur Erde zurückgekommen. Sie berichteten von einem schwarzen Himmel und ständigem grellem Sonnenschein auf dem Mond. Sie erlebten dort kein Wetter und hatten stets den Blick frei zu ihrer heimatlichen blauen Erde, denn der Mond kehrt ihr stets die gleiche Seite zu. Auf der Mondrückseite waren sie nicht gelandet.

Vom Mond aus gesehen ist die Erde nahezu viermal so groß wie Sonne und Mond von der Erde aus. Die Erde hat Phasen wie der Mond, bei Vollmond ist «Neuerde». Außerdem gilt: Bei zunehmendem Mond nimmt die Erde vom Mond aus gesehen ab und umgekehrt. Hier hilft Abbildung 60 zum Verständnis.

Ein Tag (ohne Nacht) dauert auf dem Mond über zwei Wochen. So lange blieben die «Astronauten» nicht, sie sahen die Sonne und die Erde nur bei der Umrundung des Mondes vor der Landung auf- und untergehen. In den sechziger Jahren des vergangenen Jahrhunderts haben die Astronauten als erste Menschen die Erde als Kugel gesehen. Mit tiefer Bewunderung betrachteten sie den «blauen Planeten», ihre Heimat, den einzigen Planet, auf dem menschliches Leben möglich ist.

Zum Schluss

Mit dieser Betrachtung und den großen Reisen sind die Erscheinungen am Sternenhimmel zu einem gewissen Abschluss gebracht. Wer sich zunächst hilflos fühlte, hat hoffentlich einen befriedigenden Zugang zu den Gestirnen gefunden. Wem dies nicht auf Anhieb gelang, der möge nicht verzagen und sich immer wieder mit den Himmelserscheinungen beschäftigen. Erfahrungsgemäß vergisst man die erworbenen Kenntnisse dieses Wissensgebietes allzu leicht. Es lohnt sich, «dranzubleiben» und jede Gelegenheit zu einem Blick zu den Sternen auszunützen. Das kostet nicht viel Zeit, und wir können hoffen, dass die Sterne nicht vom Himmel fallen. Wer sich fachlich weiterbilden möchte dem sei das Nachschlagewerk *Astrowissen*[32] empfohlen.

All den Helfern bei der Arbeit, den Text und die Abbildungen sinnvoll zu Papier zu bringen, möchte ich hier noch einmal Dank sagen. Zunächst half meine Frau Margarethe mit berechtigten, liebevoll-kritischen Bemerkungen wesentlich am Zustandekommen dieses Buches. Als beratende Kollegen halfen mir Dr. Peter Gmeindl, Reinhardt Schlie und Dr. Helmut Rehder. Mein Dank gilt auch Dazze Kammerl für die bereichernden Aquarelle und dem Fotografen Martin Rietze. Nicht vergessen sei die Geduld, die die Mitarbeiter des Verlages aufbringen mussten. Auch mein verstorbener Freund, der Astronom Rudi Kühn, sei nicht vergessen.

Als Abschluss ein Rätsel:

Mit i dir fern und dich entzückt,
mit e dir nah, doch ewig dir entrückt.
Clemens von Brentano

Eines der beiden Lösungsworte ist im Text dieser Seite (in der Mehrzahl) zu finden.

Literaturempfehlungen

1 Verschiedene Hifsmittel zur Himmelsbeobachtung können als Bausätze bezogen werden bei «Astro Media» , Zuckerdamm 15, 23730 Neustadt, Internet: www.astromedia.de, E-mail: service@astromedia.de.

2 Joachim Herrmann, *Welcher Stern ist das? Sterne & Planeten entdecken und beobachten,* Stuttgart: Kosmos 2002.

3 Hervé Burillier, *Sternführer für Einsteiger. Die 60 wichtigsten Sternbilder verständlich erklärt*, Stuttgart: Kosmos 1999.

4 Joachim Ekrutt, *Sterne und Planeten*, München: Gräfe u. Unzer 2000.

5 Milton Heifetz / Wil Tirion, *Knaurs kleiner Sternführer*, München: Droemer Knaur 2001.

6 *Sternkarte für Einsteiger*, Stuttgart: Kosmos.

7 Joachim Schultz, *«Zodiak». Drehbare Sternkarte,* Dornach: Verlag am Goetheanum (besonders anschaulich, da zweiseitig).

8 *Der große Sternenhimmel*, Astro Media Verlag (Adresse s. Anm. 1). Kartonbausatz, gewölbt 52 cm Durchmesser, verzerrungsarm.

9 «Taschenplanetarium» und «Planetenscheibe» (Demonstrationshilfen; drehbarer Tierkreis mit Magneten, die Sonne, Mond und Planeten darstellen). Kraul GmbH, 82057 Icking, Tel. (0 81 78) 44 30, Fax (0 81 78) 71 73.

10 Werner Perrey, *Sternbilder und ihre Legenden*, Stuttgart: Urachhaus 1999.

11 Gerhard Fasching / Ingrid Wertner, *Sterne, Götter, Mensch und Mythen. Griechische Sternsagen im Jahreskreis*, Wien: Springer 2000.

12 Geoffrey Cornelius, *Was Sternbilder erzählen. Die Mythologie der Sterne,* Stuttgart: Kosmos 1997.

13 Elke Blattmann, *Geheimnisvolle Sternenwelt. Eine phänomenologische Betrachtung des Fixsternhimmels*, Stuttgart: Urachhaus 1991.

14 Harald Falck-Ytter, *Das Polarlicht. Aurora Borealis und Australis in mythischer, naturwissenschaftlicher und apokalyptischer Sicht*, Stuttgart: Verlag Freies Geistesleben 1999.

15 Tomte Tummetott ist ein Zwerg, der nachts auf dem Hof wacht. Hier wird Bezug genommen auf ein Kinderbuch von Astrid Lindgren, Hamburg: Oetinger Verlag.

16 Klaus-Peter Endres / Wolfgang Schad, *Biologie des Mondes. Mondperiodik und Lebensrhythmen,* Stuttgart: Hirzel 1997.

17 Maria Thun, *Erfahrungen für den Garten. Aussaattage, Pflanzzeiten, Erntetage*, Stuttgart: Kosmos 1994.

18 Andreas Neider (Hrsg.), *Guter Mond. Eine Lesereise mit Texten und Bildern zum Mond*, Stuttgart: Verlag Freies Geistesleben 2000.

19 *Platonische Körper*, ein Baukasten. Walter Kraul GmbH, 82057 Icking, Tel. (0 81 78) 44 30, Fax (0 81 78) 71 73.w

20 Hans U. Keller, *Kosmos Himmelsjahr*, Stuttgart: Kosmos.

21 *Sternkalender*, hrsg. von Wolfgang Held, Dornach: Verlag am Goetheanum.

22 *Sternen- und Planetenkalender*, Stiftung «Een Klar Zicht», Niederlande. (Mit monatlichen Himmelsansichten, sehr schön.) Verlag Urachhaus, Stuttgart.

23 Kalender der pharmazeutischen Firma «Weleda». (Auf den Rückseiten befinden sich Planetenübersichten.)

24 Grafischer Planetenkalender, Verlag Peter Neubäcker, 81371 München. (Dieser originelle Kalender ist astrologisch gehalten.)

25 Christiane Ritter, *Eine Frau erlebt die Polarnacht*, Berlin: Ullstein 1978.

26 *Südhimmel, Sternkarte für Jedermann,* Kosmos Verlag Stuttgart.

27 Jules Verne, *Reise um die Erde in 80 Tagen*. (Ein auch heute noch mit Gewinn zu lesender Roman.)

28 Dava Sobel, *Längengrad. Die wahre Geschichte eines einsamen Genies, welches das größte wissenschaftliche Problem seiner Zeit löste*, Berlin: Berlin Verlag 1999. (Über die Entwicklung des Chronometers.)

29 Hartmut Warm, *Die Signatur der Sphären. Von der Ordnung im Sonnensystem*, Keplerstern-Verlag, Hamburg 2004. Eine grundlegende Untersuchung und Erweiterung der von Pythagoras und Johannes Kepler entwickelten Vorstellungen zur «Sphärenharmonie».

30 J. Schultz, *Rhythmen der Sterne,* Verlag am Goetheanum, Dornach, Schweiz.

31 Julius / Kranich, *Bäume und Planeten,* Freies Geistesleben, Stuttgart ^{3}2004.

32 H. V. Keller, *Astrowissen, Kosmos*. Ein modernes Nachschlagewerk mit Zahlen, Daten und Fakten.

33 Wolfgang Held, *Der siebenfache Flügelschlag der Seele,* Verlag Freies Geistesleben, Stuttgart 2004.

34 Horizontobservatorium, Volkssternwarte Recklinghausen, Tel. (02361) 23134

35 Klaus Podirsky, Fremdkörper Erde, Frankfurt am Main: info-3-Verlag 2004.